U0237518

中国国家公园丛书

WANWU GONGMING

万物共鸣

— 南 山 —

朱千华 著

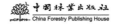

中国林业出版社
China Forestry Publishing House

出版人

刘东黎

策划

纪亮

编辑

何增明　孙瑶　盛春玲

张衍辉　袁理

总序

一

我国于2013年提出"建立国家公园体制",并于2015年开始设立了三江源、东北虎豹、大熊猫、祁连山、海南热带雨林、武夷山、神农架、香格里拉普达措、钱江源、南山10处国家公园体制试点,涉及青海、吉林、黑龙江、四川、陕西、甘肃、湖北、福建、浙江、湖南、云南、海南12个省,总面积超过22万平方公里。2021年我国将正式设立一批国家公园,中国的国家公园建设事业从此全面浮出历史地表。

国家公园不同于一般意义上的自然保护区,更不是一般的旅游景区,其设立的初心,是要保护自然生态系统的原真性和完整性,同时为与其环境和文化相和谐的精神、科学、教育和游憩活动提供基本依托。作为原初宏大宁静的自然空间,它被国家所"编排和设定",也只有国家才能对如此大尺度甚至跨行政区的空间进行有效规划与管理。1872年,美国建立了世界上第一个国家公园——黄石国家公园。经过一个多世纪的发展,国家公园独特的组织建制和丰富的科学内涵,被世界高度认可。而自然与文化的结合,也成为国家公园建设与可持续发展的关键。

在自然保护方面,国家公园以保护具有国家代表性的自然生态系统为目标,是自然生态系统最重要、自然景观最独特、自然遗产最精华、生物多样性最富集的部分,保护范围大,生态过程完整,具有全球价值、国家象征,国民认同度高。

与此同时,国家公园也在文化、教育、生态学、美学和科研领域凸显杰出的价值。

在文化的意义上,国家公园与一般性风景保护区、营利性公园有着重大的区别，它是民族优秀文化的弘扬之地，是国家主流价值观的呈现之所，也体现着特有的文化功能。举例而言，英国的高地沼泽景观、日本国立公园保留的古寺庙、澳大利亚保护的作为淘金浪潮遗迹的矿坑国家公园等，很多最初都是传统的自然景观保护区，或是重点物种保护区以及科学生态区，后来因为文化认同、文化景观意义的加深，衍生出游憩、教育、文化等多种功能。

英国1949年颁布《国家公园和乡村土地使用法案》，将具有代表性风景或动植物群落的地区划分为国家公园时，曾有这样的认识："几百年来，英国乡村为我们揭示了天堂可能有的样子……英格兰的乡村不但是地区的珍宝之一，也是我们国家身份的重要组成。"国家公园就像天然的博物馆，展示出最富魅力的英国自然景观和人文特色。在新大陆上，美国和加拿大的国家公园，其文化意义更不待言，在摆脱对欧洲文化之依附、克服立国根基粗劣自卑这一方面，几乎起到了决定性的力量。从某种程度上来说，当地对国家公园的文化需求，甚至超过环境需求——寻求独特的民族身份，是隐含在景观保护后面最原始的推动力。

再者，诸如保护土著文化、支持环境教育与娱乐、保护相关地域重要景观等方面，国家公园都当仁不让地成为自然和文化兼容的科研、教育、娱乐、保护的综合基地。在不算太长的发展历程中，国家公园寻求着适合本国发展的途径和模式，但无论是自然景观为主还是人文景观为主的国家公园均有这样的共同点：唯有自然与文化紧密结合，才能可持续发展。

具体到中国的国家公园体制建设，同样是我国自然与文化遗产资源管理模式的重大改革，事关中国的生态文明建设大局。尽管中国的国家公园起步不久，但相关的文学书写、文化研究、科普出版，也应该同时起步。本丛书是《自然书馆》大系之第一种，作为一个关于中国国家公园的新概念读本，以10个国家公园体制试点为基点，努力挖掘、梳理具有典型性和代表性的相关区域的自然与文化。12位作者用丰富的历史资料、清晰珍贵的图像、深入的思考与探查、各具特点的叙述方式，向读者生动展现了10个中国国家公园的根脉、深境与未来。

二

地理学家段义孚曾敏锐地指出，从本源的意义上来讲，风景或环境的内在，本就是文化的建构。因为风景与环境呈现出人与自然（地理）关系的种种形态，即使再荒远的野地，也是人性深处的映射，沙漠、雨林，甚至天空、狂风暴雨，无不在显示、映现、投射着人的活动和欲望，人的思想与社会关系。比如，人类本性之中，也有"孤独和蔓生的荒野"；人们也经常会用"幽林""苦寒""崇山""惊雷""幽冥未知"之类结合情感暗示的词汇来描绘自然。

因此，国家公园不仅是"荒野"，也不仅是自然荒野的庇护者，而是一种"赋予了意义的自然"。它的背后，是一种较之自然荒野更宽广、更深沉、更能够回应某些人性深层需求的情感。很多国家公园所处区域的地方性知识体系，也正是基于对自然的理性和深厚情感而生成的，是良性本土文化、民间认知的重要载体。我们据此确立了本丛书的编写原则，那就是："一个国家公园微观的自然、历史、人文空间，以及对此空间个性化的文学建构与思想感知。"也是在这个意义上，我们鼓励作者的自主方向、个性化发挥，尊重创新特性和创作规律，不求面面俱到和过于刻意规范。

约翰·赖特早在20世纪初期就曾说过，对地缘的认知常常伴随着主体想象的编织，地理的表征受到主体偏好与选择的影响，从而呈现着书写者主观的丰富幻想，即以自然文学的特性而论，那就是既有相应的高度、胸怀和宏大视野，又要目光向下，西方博物学领域的专家学者，笔下也多是动物、植物、农民、牧民、土地、生灵等，是经由探查和吟咏而生成的自然观览文本。

所以，在写作文风上，鉴于国家公园与以往的自然保护区等模式不同，我们倡导一种与此相应的、田野笔记加博物学的研究方式和书写方式，观察、研究与思考国家公园里的野生动物、珍稀植物，在国家公园区域内发生的现实与历史的事件，以及具有地理学、考古学、历史学、民族学、人类学和其他学术价值的一切。

我们在集体讨论中，也明确了应当采取行走笔记的叙述方式，超越闭门造车式的书斋学术，同时也认为，可以用较大的篇幅，去挖掘描绘每个国家公园所在地区的田野、土地、历史、物候、农事、游猎与征战，这些均指向背后美学性的观察与书写主体，加上富有趣味的叙述风格，可使本丛书避免晦涩和粗浅的同类亚学术著作的通病，用不同的艺术手法，从不同方面展示中国国家公园建设的文化生态和景观。

三

我们不追求宏大的叙事风格，而是尽量通过区域的、个案的、具体事件的研究与创作，表达出个性化的感知与思想。法国著名文学批评家布朗肖指出，一位好的写作者，应当"体验深度的生存空间，在文学空间的体验中沉入生存的渊薮之中，展示生存空间的幽深境界"。从某种意义上来说，本书系的写作，已不仅关乎国家公园的写作，更成为一系列地域认知与生命情境的表征。有关国家公园的行走、考察、论述、演绎，因事件、风景、体验、信念、行动所体现的叙述情境，如是等等，都未做过多的限定，以期博采众长、兼收并蓄，使地理空间得以与"诗意栖居"产生更为紧密的关联。

现在，我们把这些弥足珍贵的探索和思考，用丛书出版的形式呈现，是一件有益当今、惠及后世的文化建设工作，也是十分必要和及时的。"国家公园"正在日益成为一门具有知识交叉性、系统性、整体性的学问，目前在国内，相关的著作极少，在研究深度上，在可读性上，基本上处于一个初期阶段，有待进一步拓展和增强。我们进行了一些基础性的工作，也许只能算作是一些小小的"点"，但"面"的工作总是从"点"开始的，因而，这套丛书的出版，某种意义上就具有开拓性。

"自然更像是接近寺庙的一棵孤立别致的树木或是小松柏，而非整个森林，当然更不可能是厚密和生长紊乱的热带丛林。"（段义孚）

我们这一套丛书，是方兴未艾的国家公园建设事业中一丛别致的小小的剪影。比较自信的一点是，在不断校正编写思路的写作过程中，对于国家公园自然与文化景观的书写与再现，不是被动的守恒过程，而是意义的重新生成。因为"历史变化就是系统内固定元素之间逐渐的重新组合和重新排列：没有任何事物消失，它们仅仅由于改变了与其他元素的关系而改变了形状"（特雷·伊格尔顿《二十世纪西方文学理论》）。相信我们的写作，提供了某种美学与视觉期待的模式，将历史与现实的内容变得更加清晰，同时也强化了"国家公园"中某些本真性的因素。

丛书既有每个国家公园的个性，又有着自然写作的共性，每部作品直观、赏心悦目地展示一个国家公园的整体性、多样性和博大精深的形态，各自的风格、要素、源流及精神形态尽在其中。整套丛书合在一起，能初步展示中国国家公园的多重魅力，中国山泽川流的精魂，生灵世界的勃勃生机，可使人在尺幅之间，详览中国国家公园之精要。期待这套丛书能够成为中国国家公园一幅别致的文化地图，同时能在新的起点上，起到特定的文化传播与承前启后的作用。

是为序。

刘东黎

2021 年 6 月

目　录

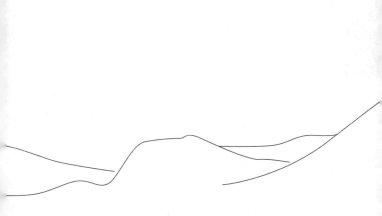

万物共鸣

南山

综述：
复杂而强大的生态系统

南岭山地：
复杂而强大的生态系统

俯瞰南方的丘陵山地

从2021年3月18日至2021年3月26日，我只身前往湘西南，考察了颇为神秘的试点区体制试点区。准确的地理方位，是在湖南省西南部的邵阳城步苗族自治县（以下简称城步县）境内，地处北纬26° 01′ 47″~26° 21′ 30″、东经100° 00′ 16″~110° 33′ 31″，这里属典型的南岭山地丘陵地带。

十多年来，我一直为《中国国家地理》杂志撰稿，深入过很多原始森林，如湖南永顺小溪国家级自然保护区、贵州赤水桫椤国家级自然保护区、横断山原始森林等，一般四五天即可走完全程。而这次考察南山，不知不觉，前后已将近十天时间，这也只是匆匆走过。对

白那至山（吴大洋 摄）

许多未知湿地、沼泽、丛林和原始森林心存敬畏，未敢深入核心地带，主要是因为试点区地理范围实在广阔，总面积约635.94平方公里，几乎是城步县域面积的四分之一。

试点区的分布，主要集中在城步县境南部山区，这里是湘西南边陲越城岭山脉北坡与雪峰山脉最南端交汇处，群山环伺，地质地貌复杂多样。巡崖四望，可见万山连绵，峰如大屏，壁立千仞，很多山林湿地人迹罕至，仍处于原始状态。试点区共分四大板块：

第一板块，由原来4个国家级保护区组成。试点区设立之前，城步县有南山国家级风景名胜区、金童山国家级自然保护区、两江峡谷国家森林公园、白云湖国家湿地公园等4个国家级保护区，其中有些已经开发并运营，现已被试点区全部收回；

第二板块，是城步县一些乡镇具有保护价值的区域，涉及的主要乡镇有儒林镇、丹口镇、白毛坪乡、汀坪乡、五团镇、长安营镇、兰蓉乡7个乡镇、36个村（社区）；

第三板块，是国有林场具有保护价值的区域，涉及的主要林场有：金紫山林场、云马林场、南洞林场3个国有林场。

第四板块，一个高山草原，即南山牧场。

远古时期，试点区一带，地质受到崩解及流水作用，形成了较为陡峻的山势，峡谷、冲沟随处可见。此外兼有丘陵、岗地、溶洞、溪谷、平原等地貌特征。其中山地面积占90%以上，最高峰为二宝顶，海拔2021米，系湘桂两省区界山。山上遍野杜鹃，花开如火，为邵阳市境内第一高峰。最低处，位于城步县巫水河谷，海拔425米，相差1596米。

园区内崇山峻岭，沟谷溪河纵横，南岭山脉绵亘南境，层峦叠嶂。雪峰山脉耸峙西北，形成东、南、西三面环山，地势起伏大，东西部高峻，南高北低，呈畚箕形，向北敞口。北面海拔相对较低，为丘岗地带，是我国南方丘陵山地地貌的典范。

试点区的核心价值，主要包括：稀有的低海拔中亚热带常绿阔叶林森林生态系统、少有的以高海拔草甸、峰林地貌为代表的草原生态系统、罕见的山顶湿地生态系统、珍稀动植物保护地、重要种群的繁殖地、重要的候鸟迁徙通道，以及独特的文化景观。

生态地理，关键区位

从全国来看，试点区的地理位置，正好位于几个重要的生态范围以内：

1.位于我国内陆陆地及水域生物多样性保护优先区域和具有国际意义的陆地生物多样性关键地区——南岭山地地区范围内；

2.位于我国南岭山脉与雪峰山脉交汇地带；

3.是我国南北纵向山脉与东西横向山脉的交汇枢纽；

4.是我国"两屏三带"（我国生态安全战略布局，主要是指青藏高原生态屏障、黄土高原川滇生态屏障、东北森林带、北方防沙带和南方丘陵山地带）生态安全战略中南方丘陵山

二江峡谷 绿色长廊（杨鹏 摄）

地带的典型代表；

　　5.是我国南方重要的生态屏障；

　　6.是长江流域沅江水系和珠江流域西江水系的源头、分水岭及水源涵养地；

　　7.是东亚—澳大利亚国际候鸟的重要迁徙通道。

强大完整的生态系统

　　试点区除了各种奇特的地形地貌，在这些鲜为人知的山地丘陵地带，还蕴藏着丰富的森林、湖泊、生物、人文等资源，而这些资源又以一种秘而不宣的方式，运行着一个极为完整而又复杂的山地生态系统，涵盖了"山、水、林、田、湖、草"等生态系统的类型。

　　园区内资源类型包括：中亚热带常绿阔叶

林、落叶阔叶林、常绿落叶阔叶混交林、针叶林、针阔混交林、草地等多个植被类型，有我国中南地区规模最大的中山泥炭藓沼泽湿地，有"东南亚第一近城绿色长廊"的两江峡谷。

园区内生物多样性极其丰富，珍稀物种保护价值高，是生物物种和遗传基因资源的天然博物馆。根据南山国家公园管理局公布的材料：

园区内生物多样，植被丰富，已查明各类生物物种3593种，隶属464科1733属。

野生动物，199科790属1158种。其中有国家一级重点保护野生动物林麝、白颈长尾雉等3种，国家二级重点保护野生动物35种；

野生植物，265科943属2435种。据1999

年国务院公布的《国家重点保护野生植物名录》，试点区共有国家重点保护野生植物66种，其中国家一级重点保护野生植物4种，即银杏、资源冷杉、南方红豆杉、伯乐树；国家二级重点保护野生植物21种，即华南五针松、篦子三尖杉、鹅掌楸、凹叶厚朴、半枫荷、杜仲、闽楠、樟树、野大豆、花榈木、翅荚木、红椿、喜树、金荞麦、黄连、香果树、伞花木、水青树、榉树、黄皮树、中华结缕草；兰科植物40种。

试点区内，还拥有人迹罕至、具有原始地貌的十万古田山地沼泽湿地，低等苔藓、草本、木本植物等沼泽群落，在这片湿地可以完整演替，具有重要的科学研究和保护价值。

密林涵养的高山水源

水是生存之本，文明之源。高山水源涵养，需要良好的生态和茂密的森林。试点区森林覆盖面积为56270公顷，森林覆盖率达86.51%；公益林面积为35880公顷，公益林覆盖率达55.17%。园区内，山地占总面积的90%以上，其中，有约四分之一面积的海拔高度超过1500米，主要峰岭有二宝顶、南山顶、枫门岭、黔峰山、金紫山等，最高峰为二宝顶，海拔2021米；最低海拔425米，落差将近1596米，山地特征明显。

园区内有我国面积最大、保存最完整的中亚热带低海拔常绿阔叶天然次生林，是我国南岭与雪峰山脉交汇部低海拔亚热带常绿阔叶林森林生态系统的典型代表。

除了大片森林涵养水源，试点区具有明显山地气候特征，逆温效应突出。降水量随海拔高度的升高而递增，北部和中部为少雨区，年降水量少于1300毫米，而东部、西南部海拔800米以上的地区，各形成一个大于1500毫米的多雨带。随着海拔高度的升高，雨量增加，湿度也增大，雾日增多。

丰富的森林水源，成为长江流域沅江水系巫水河、珠江流域西江水系浔江的源头，整个园区，是长江流域和珠江流域水系的分水岭和重要水源涵养地。

国际候鸟迁徙大通道

鸟类迁徙，是鸟类遵循大自然环境规律的

高山草甸灌丛（南山国家公园管理局供图）

一种生存本能行为。中国境内，长期以来已形成了东部、中部、西部3条主要候鸟迁徙路线，每条路线都串联着一个个湿地，这些湿地是候鸟迁徙途中的一个个憩息和补充能量的驿站。

试点区，正好处在东亚—澳大利亚的候鸟迁徙通道上。园区主要有两条候鸟迁徙线路：

西岩镇—城步县城—白毛坪乡—十万古田—广西资源，飞往东亚；

西岩镇—城步县城—丹口镇（两江峡谷）—金童山—五团镇（铺路水村）—南山牧场—广西龙胜，飞往南亚。

每年秋季，候鸟开始迁徙南飞，次年春暖花开时节，又如期北归。那时，每天都有大量候鸟在园区内休憩，在园区内休憩、补给……短暂停留后又成群结队，迁徙离境。

如同洪荒世界的高山湿地

试点区内，有一处很奇特的"十万古田"，这是古代一处村庄，如今人去田在，留下了这片森林沼泽湿地，位于城步与广西交界的群山之上，海拔1200~1800米，属亚热带山地凉湿气候，冬暖夏凉，总面积41.2公顷，拥有苔藓、草本、木本植物等完整演替系列，生物多样性丰富，初步调查植物达300多种。其中，特色物种有五加科新属湖南参、红花木莲等。

十万古田，不仅生态价值高，还是重要的历史文化遗存。十万古田是明代瑶民耕作与聚落遗址，内有圆形古城址、护城河、古驿道、古盐道和古墓群等灾难性历史文化遗存。这片如同洪荒世界的高山湿地，至今已荒芜数百年，谁能想到，这片荒原曾是屋舍俨然、良田桑竹、鸡犬相闻的村庄呢？当时，这里到底发生了什么，让村民逃离家园、迁徙他乡？

南方山地草场

南山，俗称八十里大南山。本为南方天然山地草原。昔日杂草丛生，荒无人烟。经过几十年培育改良，已发展成为中国南方最大的人工草场。平均海拔1800多米，属于高山牧场。1956年建成农场，1979年被农业部命名为"湖南南山种畜牧草良种繁殖场"。今至南山，目之所及，但见绿草如茵，远处蓝天白云，波浪起伏的山丘上，蓝天碧草之间，徜徉着自在悠闲的奶牛，它们安静地低头吃草，或打盹，或漫步，形成了独有的南方山地草原风光。

如今的大南山，总面积152平方公里，连

片草山23万亩，天然草地13.5万亩，被誉为
"南方呼伦贝尔"。月华秋水，芳草远山，那是
与北方大草原完全不同的感受。

南山草原的野生牧草种类达63科262种，
以绒毛草、剑茅草、丝茅草、狼尾草等为主。

国家公园核心保护区

国家公园，是指以保护具有国家代表性的
自然生态系统为主要目的、实现自然资源科学保
护和合理利用的特定区域。是自然生态系统中最
重要、自然景观最独特、自然遗产最精华、生物
多样性最富集的部分。

其中，核心保护区是对生态资源、生态
系统完整性和原真性保护的重点区域，也是对
自然生态系统和自然资源实行最严格管控的区

域。这个区域属于全国生态保护红线管控范围，实施严格的国土空间用途管制。

试点区核心保护区，总面积335.14平方公里，占公园总面积的55.84%，主要包括：以金童山自然保护区、两江峡谷森林公园主体部分为主的保护地区域；白云水库及库区核心区域；长安营山顶、十里平坦至十万古田山脊一线的北坡区域，以及坳岭、桂花、共和等自然村落原生天然阔叶林分布较集中的区域。

附记

我在试点区的地理考察活动，得到了南山国家公园管理局各位领导的高度重视。管理局下属的综合处、规划发展处、生态保护处、自然资源管理处等部门，对我的采访给予了大力协助与支持，特别是南山国家公园管理局综合处的刘小平处长、宣传部门的杨鹏主任，以及试点区专家陶志胜、钟文成、邓德群、刘正华等老师全程陪同，悉心给予技术指导；另有李文海、李明军两位护林员不辞劳苦，勇当向导，使我避免迷失方向而误入绝境。在此，一并向他们的帮助和辛勤付出表示感谢！

万物共鸣

南　山

两江峡谷：
悬流千仞，山川相映

两江峡谷，
究竟是哪两条江？

城步县属湖南省西南边陲，为沅江支流巫水发源地。这里是南岭余脉与雪峰山脉交接之处，史上为楚越（指岭南百越）交界之地，又是苗族百姓居住地，素有"楚南极边""苗疆要区"之称。东界新宁县，南连广西资源、龙胜，西邻通道侗族自治县、绥宁县，北毗武冈。县治儒林镇，北距邵阳市206公里，南至广西桂林211公里。

城步县东、南、西三面环山，峰峦重叠，万岭参差，唯北部地势稍平，为丘冈平原。南岭山脉横亘县南，雪峰山脉伸展县境东、西两侧，形成天然屏障。全县境内，地表切割强烈，溪流纵横，水系呈树枝状分布，巫水、资水、渠水、浔水发源于境内，有大小溪流816条，分属长江与珠江两大水系。

巫水柔情（谢超 摄）

　　试点区成立之前，城步县境内，有一条两山夹峙、密林遮天蔽日的原始峡谷。这里是一片人迹罕至的高山深谷，经一番考察，城步人发现，这条鲜为人知的峡谷蕴藏着巨大的生态和旅游价值。如今，回归自然、探索秘境的生态旅游理念风靡一时，深入人心，这条雪藏深山的大峡谷，这么好的旅游资源，在这个热衷诗和远方的时代，完全就是一个金饭碗啊。

　　城步人决定，立即向国家林业局申请，要求成立"两江峡谷国家森林公园"。2008年1月，得到国家林业局批准。2009年12月，经湖南省编制委员会办公室批准，同意设置湖南两江峡谷国家森林公园管理处。

　　国家级森林公园，考核严格，要想得到批

准，实属不易。城步人趁热打铁，在资源保护和开发利用上，做了大量前期工作，并开始了森林石道、石牌、森林防火隔离带等基础设施建设。

一切准备就绪。经过数年的规划和整理，2013年12月4日上午，两江峡谷国家森林管理处，在城步丹口镇桃林村隆重揭牌。就是说，两江峡谷国家森林公园，就算正式开张营业了。

很多人都有个疑问，两江峡谷，是哪两条江呢？

来到城步县，我向很多人打听，基本上无人知道。我心有不甘。我喜欢研究地名，地名里常常蕴含着当地丰富有趣的人文与自然地理信息。两江峡谷的"两江"两字，一定有故事。

后来，我在城步儒林大街，遇到一个卖水

果的长者，60来岁，他说是边溪村人，肖姓。我买了几斤水果之后和老肖攀谈，问及两江峡谷，是哪两条江。老肖笑着说："算你走运，问对人了。我从小在边溪村生活，这个事我熟。所谓两江，实际上就是两条河，泮水河与界背河。泮水河发源于汀坪乡的姜家山，在我们边溪村，流入界背河，再往北十多公里，注入巫水。"

没想到困扰多时的一个疑问，无意间就有了答案。既然这位老肖是边溪村人，答案应该靠谱。

直到后来，我去儒林镇大桥村的两河口，遇到了南山的植物专家，人称"资源冷杉之父"的陶志胜老师，关于"两江"的答案，却意外有了反转。

陶老师告诉我，两江峡谷并非指两条江。

"两江"两字，系采用当地两个地名合并而成。一个是大桥村的"两河口"，另一个是五团镇的"江头司村"，各取开头一字，合成"两江"。最初命名，也不是为两江峡谷，而是为一条公路命名。

1998年，城步县以工代赈，新建一条县级公路，从两河口，至江头司村，全长将近40公里，取名两江公路。

两江公路，沿着大峡谷修建，峡谷原无名字，现因两江公路修通，故名两江峡谷。

那位卖水果的边溪人老肖，他的答案错了吗？也没错，"谁不说俺家乡好"，在他心中，"两江"就是养育他的母亲河：洑水河与界背河。

大地裂缝，云蒸霞蔚的山谷

说到两江峡谷，有一条河流不能不提，界背河。

　　界背河虽不太有名，但它是两江峡谷沿线村民的生命之泉，是城步母亲河巫水的一级支流，在儒林镇大桥村两河口处汇入巫水。界背河发源于南山老山界，全长45公里，流域面积248平方公里。整个流域南高北低，呈长条状，南部河源海拔1775米，两河口海拔424米。沿界背河两岸，皆崇山峻岭，万树青苍。

　　界背河流域地处亚热带气候区，并兼有山地气候特点，湿热多雨，冬冷夏凉。多年平均气温16.1℃，年平均相对湿度多在70%~80%，属高湿区。年平均降水量1385毫米，暴雨主要集中于5~6月，雨量占全年总量的50%。如此气候条件，两江峡谷云雾蒸腾，山溪飞流、瀑布密集，一点也不奇怪。

界背河的干流，从两河口始，至五团镇江头司村，约40公里地段，又分为若干河段，主要包括桃林河段、永安支流小水河段、汀坪支流横水、桂花、红沙洲、汀坪河段，以及汀坪冲头水河段。

北面，两江口距城步县城约5公里，南面，江头司村距南山牧场约25公里。中间的这段河谷，即两河口至江头司村之间的这条狭长山谷，就是两江峡谷。这段山谷里，始终并行着一路一水。路，即两江公路，水，即界背河。

到目前为止，两江峡谷仍处于原始状态，未完全开放。

2021年3月23日，在杨鹏、钟文成、邓德群、刘正华老师的帮助下，我行走了一趟两江峡谷。若要我说出对两江峡谷之印象，我会立即说出五个字：两江大峡谷。我觉得需要加个大字。否则无法体现两江峡谷的大气之美。

看到两江峡谷，我立即想起曾经考察过的湖北恩施大峡谷，那是位于长江三峡附近、恩施屯堡乡和板桥镇境内的一处喀斯特奇观，峡谷全长100多公里。恩施大峡谷在海拔1600米以上的地带，冬长无夏，春秋相连，多雾寒冷，高低冷暖悬殊。每年春季，在峡谷一些地方，可看到"山下桃花山上雪"的奇景。

所以，当我置身两江峡谷，忽有似曾相识之感。那年，我受《中国国家地理》派遣，采访小寨天坑。后来顺道前往恩施大峡谷探访，用了　　时间，走走停停，看过百里绝壁、千　　布、独峰傲啸、原始森林、远古村寨等，虽走马观花，却也令人震撼，一条大地罅隙，就生成了一套完整的生态系统。

两江峡谷，从两河口进入，沿两江公路、缘界背河而行，向南，至边溪与泮水河交汇处，约11公里，两侧群山，万峰攒簇，高插霄汉，山坡十分陡峭，是典型的深山峡谷地貌。其间水流湍急，河谷呈"V"形或窄梯形，河床及两岸大部分基岸裸露，其地层岩性主要由山板岩和变质砂岩组成。

边溪村地形相对开阔，有边溪、桃林两个河谷地带，两谷地之间，隔着相对较高的山地，界背河切过两村之间的高地，又形成约5公里长的一条小峡谷。

两江峡谷险峻幽深，泉水流瀑挂壁，怪石峥嵘，古木遮天蔽日，植被覆盖率极高，森林涵养水源能力更强。

　　当我站在两江峡谷边缘，放眼远眺，峡谷如大地上一条美丽的裂隙，两岸峭壁林立，竹木葱蒨，沟谷溪流潺潺，轰然有声。一些不知名的鸟儿在峡谷里发出奇怪的鸣响。久之，云雾升起，两江峡谷时隐时现，让人忽地产生深不见底的恐惧。

溪谷植物：
生命在这里肆意张扬

两江峡谷的植被，分为次生植被和人工植被两大类。主要有常绿阔叶林、杉木林、马尾松林及毛竹林。植被保存较好，沟谷纵横，水源丰富，绝大多数的沟谷都有溪流。这里分布着青冈群落、甜槠群落以及小面积栲树群落构成的亚热带常绿阔叶林。林下物种丰富，树形高大，郁闭度高。同时也分布有杉木林、马尾松林和毛竹林构成的人工群落。

　　自东北入口，至西南出口，原始森林、连绵如翠的奇山深谷，令人印象深刻。峡谷内古树名木，珍稀植物众多，具有原始性和完整性双重特点，共有211科801属2031种，为湖南植物种类最富集地区。

　　国家一级保护植物有银杏、南方红豆杉、钟萼木等；国家二级保护植物有闽楠、榉树、花楸木等十多种。峡谷中的奇山寨，是植物群落分布较集中的地方。

华南五针松群落

两江峡谷中的奇山寨。有一片山坡，分布着华南五针松植物群落。当地苗族同胞，千百年来有保护植物的传统，他们认为，砍伐树木，是对山神的大不敬。若确实需要盖房，则需村中族长首肯，再由族长焚香祷告山神，说明用途。得到山神明示，方可砍伐。故奇山寨的森林砍伐不多，森林中很多相对独立的华南五针松群落，幸得保存，面积大约在5平方公里。华南五针松，是我国南方重要的珍贵植物种类之一，具有较高的观赏价值、科学价值和经济价值。

裹叶水青冈（南山国家公园管理局供图）

铁杉群落

铁杉群落，也在奇山寨。这是近年最新发现的珍稀植物群落。铁杉分布较广，从山腰到山脊线上，皆有分布。最大的铁杉群落，面积大约在1300平方米。生长旺盛的铁杉枝条，青翠葱茏，树形优美，充满生机，与周边树丛形成明显反差，具有强烈的视觉效果。

杜鹃群落

奇山寨的山脊线上，分布着杜鹃群落，呈长条带状，面积将近百亩。春季时杜鹃花开，满山红色铺就。大面积的红色版块，镶嵌在以绿色为基调的林海中，在路边，在道旁，在岩上，在林间，在坡地上，杜鹃星星点点，丛丛簇簇，漫山遍野都染成了姹紫嫣红，令人目不暇接。

两江峡谷古树群

优良的生态环境，使得两江峡谷分布着很多古树名木。其中有很多古树围绕着苗家吊脚楼分布。古树木能存活至今，与苗家人的森林崇拜有很大关系，乱砍滥伐，在苗寨中是令人不齿的行为。古树种类很多，且长势良好。这些古树为两江峡谷平添了许多沧桑之感。

桃林村古树：南方红豆杉2棵，树龄200~400年；泡花楠2棵，树龄150~200年；钩栲1棵，树龄250年；大叶栎1棵，树龄250年；枫香2棵，树龄100~300年；杉木1棵，树龄300年；

边溪村古树：枫香3棵，树龄100~300年；黄连木1棵，树龄200年；

上水村古树：枫杨3棵，树龄100~150年；

平林村古树：马尾松2棵，树龄150~200
年；枫香9棵，树龄100~250年。

桃林枫林

枫林群落位于桃林村，在入口处溪边两块
小台地上，分布100多株三角枫，平均树高10
米，树树相连，隔河相望。三角枫枝叶浓密，
夏季浓荫覆地，入秋叶色变成暗红，远远望
去，地上一片深红色，如同油画，与古老的村
落遥相呼应，叙说秋天的成熟与丰收。

苗乡竹林

两江峡谷的山林中，夹杂着大片竹林，主
要分布在山脚溪流两侧，自铺路水村以上，至
猴子岭皆有分布。尤以玉女溪一带成片竹林最

为茂密。

毛竹分布在玉女溪下游，不足10公顷，人在竹林中，只见翠竹森森，修长的竹枝随风摇曳，令人心旷神怡。

奇山寨的古树与古藤

奇山寨是一片原始森林，山脊上生长着大量的栎树，其中多数树龄在百年以上。另有许多藤本植物保存完好，粗壮如树，直径在30~40厘米，当地人谓之"古藤王"。

荒山深处的
精灵

两江峡谷是野生动物的天堂。这里有动物4纲28目74科206种，国家一级保护野生动物有林麝、云豹等，国家二级保护动物有黑熊、青鼬、水獭、斑林狸、大灵猫、小灵猫、金猫、穿山甲等。

两江峡谷也是鸟类乐园。这里是国际候鸟迁徙大通道，每年均有大批候鸟途经此地。夏季，共有68种鸟类在这里栖息，如池鹭、黑冠鹃隼、白鹇、戴胜、红嘴蓝鹊、红隼、小白腰雨燕、山鹡鸰、白鹡鸰、小燕尾等，另有几种具有独特叫声的鸟类，如白胸苦恶鸟、大杜鹃、画眉、强脚树莺、大山雀等。

2014年5月6日，城步电视台、林业局联合拍摄采访小组，在两江峡谷公园大桥村十组密林中，意外拍摄到红白鼯鼠。这是首次拍摄到野生红白鼯鼠，体长约60厘米，尾长超过40厘米，头、颏、喉上部、颈两侧、上臂皮翼前缘近肩部及胸均为白色，其余部位为浅黄色。红白鼯鼠是湖南省重点保护野生动物，已被列入《国家保护的有益的或者有重要经济、科学研究价值的陆生野生动物名录》。

2020年，城步爱鸟护鸟协会志愿者唐邵宏在两江峡谷水库区，首次拍到3只国家一级保护动物中华秋沙鸭。

中华秋沙鸭属于国家一级保护动物，已是濒危物种，全球仅存不足5000只，被誉为"水中活化石"和"鸟类中的大熊猫"，又因带有"中华"之名，人称"国鸭"。

据试点区自然资源管理处副处长、林业高级工程师杨相伦介绍，此次发现3只中华秋沙鸭，是一个家族群。在试点区属首次发现，是试点区里最珍贵的"客人"。中华秋沙鸭以清澈的河流、水库为栖息地，是直接反映水环境质量的指示物种，素有"生态环境风向标"和"水域生态环境的生态试纸"之称。

玉女溪
秘境

南山国家公园体制试点区设立之前，两江峡谷以著名自然景观玉女瀑布而远近闻名。每有假日，城步周边几个县市的市民百姓，都想探游两江峡谷，一睹"玉女"风采。那时两江峡谷里，不少人专为玉女溪瀑布而来，大家溯玉女溪而上，希望能看到传说已久的玉女瀑布。

玉女溪发源于海拔1600多米的金童山，水质清澈，婉约迷人，取名玉女，为"金童玉女"之意。玉女溪南北长1000米，东西宽640米，总面积1000多亩，是两江峡谷品味最高的自然生态区。

2021年3月23日，在南山国家公园管理局杨鹏、钟文成、邓德群、刘正华等专家的帮助下，我从城步县城出发，驱车25公里，一路穿过两江峡谷森林公园，过边溪村、桃林村，来到玉女溪山脚下。

入口处，为玉女溪巡护站。站内空无一人，人员去向的牌子上，写着"巡护中"。我看到了一本《试点区巡护记录》，很好奇，想看看这些护林员在巡护过程中都做些什么。

巡护人：杨勇、陆杰友、钟文成

日期：2021年2月21日

天气：晴

出发时间：8时20分，结束时间：17时30分

巡护线路：下河—玉女溪瀑布

巡护里程：8公里

巡护发现问题描述：发现有一群人在玉女溪房子下面的河边烧烤。

发现问题处置：被我们发现后，通过劝阻，

老山界原生亮叶水青冈顶级群落（艾军　摄）

后来把火扑灭，收好了工具。

处置问题结果：回家去了。

巡护日记虽有点简单，却也反映了护林员的日常点滴。有时，我真羡慕这些护林员，可以每天呼吸山里负氧离子含量很高的空气，享受着山里的清泉。我对于空气质量很敏感，就在玉女溪入口处，我已经感到身心舒畅，不用说，玉女溪绝对是富含负氧离子的地方。

后来去玉女溪瀑布，验证了我的想法，空气负氧离子含量高达12.8万/立方厘米，是试点区的天然氧吧。

溯溪而上，行二里许，两山益发逼仄。但见沿溪泉流激越，人行石上，四山插天。形势高峻，多见嵯峨巨石，潭池密布，无数怪石不可名伏。溪中白石如玉，溅沫飞流，众山皆响。沿溪有山花争艳，古树虬枝，藤蔓缠绕。

玉女溪是一片峡谷地带，茂林丛翠，植被繁茂，物种众多，经专家考证，在这块神奇的土地上共发现各类植物380多种、动物100余种。

行走在玉女溪的好处是，上山不用喘气，浑身轻松。行走半日，忽闻山泉如雷轰鸣，山谷震动。又行走数百步，乃见玉女瀑布，自千尺悬崖喷薄涌出，轰奔而下，烟飞雾卷，从上至下形成一幅巨大的白色水帘，落入深潭，潭面水花四溅，犹如千朵万朵绽开的雪莲。

桃林村与边溪村：
巫水河畔的疏雨淡烟

两江峡谷的地理范围，涵盖大桥头村、边溪村、桃林村、平林村、平子寨村、栏牛塘村和铺路水村6个苗族村落，人口总计3976人，其中苗族人口占85％以上。在这里，古老的苗族吊脚楼、索桥、水车等具有浓郁民族风情的建筑散布在峡谷溪流两侧。这些村落，由于长期隐于深山之中，外来干扰较少，传统苗族文化在此得到很好保存。

桃林村与边溪村，将自然生态和传统的民族风情紧密结合，构成了现代社会中不可多得的一方净土。原始次生林与苗家田园自然交错，山野风情浓郁。在苗族村寨房前屋后，还零星分布着南方红豆杉、泡花楠、大叶榉、枫香、杉木、马尾松、枫杨、黄连木等百年古树，溪流从吊脚楼边上穿过，增添了无数山乡韵味。

白云湖水库（张健　摄）

桃林村

地处两江峡谷管理区的中心地带，隶属丹口镇，界背河从村中穿行而过，是城步县前往南山草原的必经之路，距县城22公里。

小村四面，高山环抱，村内自古有种桃树的习俗，故名桃林村，俨然一处充满诗情画意的世外桃源。经过数十年桃树品种优育，村中已种植5000多棵桃树，以观赏为主，其花色娇红，花瓣娇嫩，花期长达半个多月。每年3月初，桃林村漫山遍野开满桃花，从山顶到山脚，从村中到村外，到处都能看到桃花热烈盛放，整个村庄都淹没在花海之中。

桃林村历史悠久。明代中期，村里苗族先民迁徙至此，筑寨栖居，世代繁衍，发展至今已成为拥有600多年历史的苗族古村落。现村中人口600余人，95%是苗族。他们日常穿苗装、说苗语，沿袭着苗族古老习俗，过着悠然自得的桃源生活。

桃林村的森林覆盖率达90%，红豆杉、金钱树、华南五针松、长苞铁杉、五角枫等珍贵植被均有分布。村中有个古树，铁杉树，3人才能合抱，在村中被尊为"铁杉王"，是人人敬畏、个个爱护的神树之一。

除了优良的生态环境，桃林村苗族文化传承和保存，也较为完整。村中保存着吊脚楼、风雨桥、戏台、凉亭、钟楼、牌坊等建筑，传承着跳傩戏、舞草龙、唱山歌、饮油茶、打糍粑、挤油尖、打泥脚等苗族文化传统习俗。

值得一提的是，桃林村至今仍完整保留有

苗文化"活化石"之称的傩戏，它始于远古时苗人的原始崇拜和多神意识，是古代驱鬼驱疫祈福庆祥的仪式。桃林傩戏，已被列入城步县非物质文化遗产保护名录。

边溪村

系城步县丹口镇下属行政村。在整个两江峡谷几十公里的地段内，分布一些独特的苗族民居，其中边溪村的民居建筑最为集中，大约有145户。在这些民居建筑中，绝大部分为传统的木板结构房，受现代建筑思想影响较小。

边溪村包括上边溪村和下边溪村两部分，相距不足千米。上边溪村距离河面较高，至今还遗留有村寨的古老石拱门遗迹。下边溪村紧靠界背河，除木结构吊脚楼民居外，村中还曾有过古戏台、河索桥、水车等苗族山村特有的公共建筑。

边溪村有一片生态葡萄园，占地面积40亩，培育的葡萄主要有'夏黑''醉金香''比昂扣'等6个品种，亩产量1500公斤左右，这些品种，每公斤售价为30元，除去成本，每亩纯收入3万余元。

边溪村的梯田，位于上边溪村界背河附近的一大片台地上，面积约为50亩。整个梯田依山傍水，层层叠叠，几户农家吊脚楼交错点缀。村童追逐，黄牛耕作，村边溪水潺潺，恰如一幅牧童村山图。

放眼远眺，浮云染黛。万千群山，正如草叶飞旋。

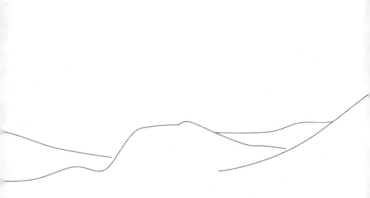

万物共鸣

南　山

白云湖：
烟波草树，野水纵横

巫水的
来龙去脉

城步南山，虽不及青藏高原有"万山之宗""万河之源"的美誉，但称为"湖南屋脊""湖南水塔"，则名副其实。县域里海拔1000米以上的山峰657座；1500米以上的山峰234座。湖南省前十名高峰，城步独占一半。大小溪河816条，为巫、资、渠、浔县内四水之源。

巫水为县境内最大河流，系沅水一级支流，属长江水系，县境干流长106公里，流域面积1576.4平方公里。巫水流出城步，横贯绥宁，西抵洪江，注入沅水。

资水又名赧水，属长江水系，县境内干流长33公里，流域面积418平方公里。

渠水为沅江一级支流，属长江水系，县境内干流长29.3公里，流域面积153平方公里。

浔江为西江二级支流，属珠江水系，系县

内第二大水系，县境内河长55.5公里，流域面积578.1平方公里。

我对南山的考察，自怀化洪江区开始。2021年3月19日，我从广西南宁坐高铁8个多小时，到达湖南怀化洪江区。此行目的，我想从巫水的入江口，溯江而上，找到它的源头，寻访古老而神秘的巫傩文化。

抵达洪江区，我迫不及待来到巫水与沅水交汇的"犁头嘴"，由于特殊的地理条件，巫、沅二水带来了千年洪江古商城的繁荣。明、清、民国之际，洪江的犁头嘴古商城，已经成为中国资本主义萌芽的一块经济特区。当时的犁头嘴商贾云集、百货辐辏，有"西南大都会""小南京""小重庆"之美誉。

我站在巫水入江口，见沅水浩浩荡荡，巫

水顺流而入，共同汇成更为宽广的沅江。

巫、沅二水形成的一个夹角，即犁头嘴，是洪江古商城所在地，亦名雄溪镇。后来才知道，雄溪，即巫水。巫水为何又名雄溪？采访洪江文史专家后才弄明白，雄溪，本来叫熊溪，发源于城步县东南、位于湘桂边境的巫山，历史上，均以巫山北坡为巫水之正源。

古时候，南山一带黑熊成群，故巫水又名熊溪，后来黑熊减少，改名雄溪，三国时易名巫水。湘西苗语中的"雄"，也意为"苗族""苗族的""属于苗族的"。由今日南山丰沛的水资源可以推断，古代巫水是如何激荡奔越，它穿过无数沟壑，拐过四十八道大弯，自东南向西北，流经城步县城南部、绥宁县、会同县、至怀化洪江区犁头嘴，汇入沅江。

南山高山草甸福寿湖，余霞成绮（陈武军　摄）

巫水穿过湘西南苗家山区，整个流域森林茂密，生态优美，与当地百姓千百年来的森林崇拜有关。巫水是世代苗族人的生命之河，自古以来，苗族人养成了爱护家园，保护山林的优良传统。巫水河两岸很多村寨，都立有护林禁碑，其中，绥宁县是巫水流域现存古代护林碑最多的县，共有古护林禁碑100多方，上至唐宋，下至民国，年代跨越1000多年。

碑上的内容，都是千方百计通过护林禁碑来规约护林法则、提醒和警示村民珍爱林木资源、严厉惩戒毁林者。比如，《神坡山封禁碑》主要提醒无知的毁林者，山里松杉茂密，必须加以保护，不得毁坏，因此，特立碑"永远封禁"；《兰溪护林碑》中强调，这里的杉松屡遭不法之徒盗砍，更有赌博者，一旦输钱就来偷伐树木。因此，立此护林碑，警示那些不法之徒"安守本分，痛改前非，毋得仍蹈前辙，自罗法网"，并严厉警告说：如果胆敢怙恶不悛，将"严究惩办，决不姑宽"等。

这些古代流传至今的护林禁碑，是巫水流域苗族百姓保护森林和家园最重要的手段和方法，尤其是对于地方森林生态安全发挥着特殊作用。这种祖祖辈辈都在传承的护林法则，其背后更体现了当地百姓独有的生态理念。今日城步县城南部，得以形成大面积的自然保护地，不得不说，这与古代巫水文化中的森林保护理念，有着非常紧密的传承。

风翻白浪：
俯仰云水，弥望浩淼

城步境内，山高、水陡、流急、落差大，水能资源十分丰富，可供开发的水能资源约20万千瓦。今日之巫水，已筑起白云、白蓼洲、沉江渡、大洲、尖口、羊石等9个电站。

著名的白云水电站，是巫水上游的龙头电站，装机容量54兆瓦。工程于1992年3月开工筑坝，工程总投资4亿余元，是邵阳建成投产的最大投资项目。

说白云水电站著名，并不是这座电站装机容量有多大，而是电站的大坝非同一般。白云水电站大坝高121米，系亚洲最高的垒石坝。

白云湖是修建白云电站形成的人工蓄水湖。1998年12月，白云水电站开始下闸蓄水。湖区总面积9.6平方公里，平均水深83米，总体容量3.6亿立方米。

蓄水之后，湖内形成无数孤岛和半岛，水路绵延，加上水库内200余座被淹没的山包、瞬间形成千姿百态、大小各异、高矮不同的绿洲、岛屿，白云水库被人们称之为"千岛泽国"。白云湖从此诞生，水库蓄水深度，达到102米。

这是一座集旅游观光、发电供水、防洪灌溉功能于一体的国家大 I 型水库。白云湖水质，常年保持在国家 I 类地表水标准，为下游城步、绥宁及怀化的会同、洪江等县（市）数以百万的居民提供优质饮用水源，当地人感恩白云湖的甘美湖水，誉之为"华南水塔"。

提供饮用水，只是白云湖的功能之一。1998年年底，当白云水电站的技术人员，合上电源下闸蓄水的时候，如野马奔腾的巫水被拦腰截断，在百米高的大坝上游，如同魔术一般，原来的深山沟谷，忽然间变成了波光潋滟的高峡平湖。

站在山腰处临湖远眺，湖光山色尽收眼底。但见湖中大小岛屿，如螺髻石，玲珑万状。岸边杂花栖树，落红满地。

白云湖区域，无数峡谷水巷绵延近20公里。环湖皆原始次森林带，古藤虬蔓，林木苍劲，舟行其间，似置身千回百转的画廊之中，水光空濛，千顷一白。

水滴石凝：
白云洞深藏幽景

白云洞群，素有"洞府奇观"之称，属于试点区区域，位于城步县城东郊，南接桂林山水、南山牧场，北连云山，邻崀山。

中国喀斯特地貌，以桂林山水发育最为典型，而白云溶洞群，却是与桂林山水完全不同的喀斯特自然景观，它是一组鬼斧神工的大自然杰作，主要包括白云洞、玉龙洞、碧云洞、洪溪洞、羊角洞等，总面积约800亩。

白云溶洞分上、下各6层，全长4200余米，洞腔最高处48米，最大洞厅4200平方米。白云溶洞群以幽、曲、奇、险为其特色，如同一个地下的桃源世界。

洞中平缓的地方，有各种神似的府院、厅堂、居室，陡峻处有幽径、田园、村庄。洞上有洞，洞下有洞，洞中套洞，若无导游，则是

（两江峡谷秋色（唐山国家公园管理局供图））

一处深不可测的迷宫。溶洞之中，生长着各类形状的喀斯特景观，石上生石，石乳、石笋、石幔、石帘、石柱、石花、石瀑、石田、石禽、石兽等，无所不有，惟妙惟肖，可谓巧夺天工。

溶洞石幔、钟乳石等，自洞顶垂直而下，它是洞壁裂隙中的水滴跌落而成。水滴中含有石灰岩析出的碳酸钙，它们在落地过程中，碳酸钙不断析出，即形成了千姿百态的石钟乳、石笋、石幔及壁流石等撼人心魄的溶洞沉积物。一片石幔或石笋的形成，需要数万年甚至上亿年的漫长沉积，才能形成。通常情况下，溶洞中碳酸钙沉积物的生长速度，大约为每200年生长1厘米。

白云洞，系城步古八景之首，是一个谜宫

式的地下溶洞世界，自汉代以来，一直是城步的重要名胜。每到秋冬时节，便有白雾从洞口升腾，状如樵夫炊烟，昔称"白云樵隐"。白云洞与邻近的碧云洞、红雪洞相通，洞中有洞，石上生石，清泉曲潭，构成博大幽深的溶洞群。

白云洞群在古代就很有名，历代文人墨客留下了许多赞美诗。宋代邵州（今邵阳）知府胡寅，写过一首《游碧云洞》：

更于何处觅桃源，此地端然小洞天。

大匠随心勾细节，误留仙迹在人间。

明代宝庆府同知（相当于副县长）彭瑾，游览白云洞，留下一首《饮白云洞》：

龙窟曾游处，重来景倍增。

山深翠霭合，洞远白云生。

地窍何年凿，神功不日成。

衣冠聚文武，宴坐有余清。

古人探洞，除了徐霞客那样的探险家，一般人不敢入洞很深，主要原因是照明跟不上。另外，像白云洞群如此复杂的洞穴，就是在现代，没有专业探险设备与后勤补给，贸然深入，很容易有去无回，这样的事已发生很多。

白云湖湿地的
动物

城步县境高山密箐，为野生动物提供了良好的栖息环境。清道光《宝庆府志》记载，城步"虎、豹、狼、熊、鹿、麂，捕猎者每每捕获五六只而平常"。清光绪《城步乡土志》记载的野生动物有鹿、麋、獐、虎、豹、豺、熊、野牛、猿猴、田豕、豪猪等22种。

根据南山国家公园管理局公开的数据，如今，在白云湖湿地区域，野生脊椎动物共有5纲26目71科178种。其中鱼纲有5目10科28种；两栖动物有1目5科15种；爬行动物有2目4科17种；鸟类有12目35科92种；哺乳动物6目17科26种。

鱼类资源

白云湖国家湿地公园的鱼类，有2种属于湖南地方重点保护动物，分别是暗鳜和圆尾斗鱼。暗鳜栖居山溪的缓水区，数量不多，属易危物种（指现存快要成为濒危物种的生物）；圆尾斗鱼属中国特有品种，俗名钱儿，通常生活于山涧、池塘，主要分布在长江流域。

园区28种鱼类中，有12种系中国特有物种，它们分别是尖头鱥（guì）、中华鳑鲏（páng pí）、带半刺厚唇鱼、江西鳡（quán）、长蛇鮈（jū）、花鳅、平舟原缨口鳅、乌苏里鮠（wéi）、拟缘鱼央、暗鳜、圆尾斗鱼、刺鳅。

两栖类动物资源

到目前为止，湖南城步白云湖国家湿地公园发现两栖类动物15种，隶属1目5科。其动物群落结构如下：

无尾目，角蟾科1种；蟾蜍科1种；蛙科7

种；树蛙科2种；姬蛙科4种。

白云湖国家湿地公园两栖动物群落中，优势种为中华大蟾蜍，常见种为泽蛙、黑斑蛙、沼蛙和饰纹姬蛙，其余10种为稀有种。

重要的两栖动物有如下一种：

大树蛙，体大，雄蛙体长8厘米，雌蛙约10厘米。其指、趾端均具吸盘和横沟，利于攀吸上树。多栖息于山区流溪边的树林或稻田、水坑附近的灌木和草丛中。傍晚后雄蛙鸣声为"咕噜！咕噜！"或"咕嘟咕！"的连续颤音，清脆而洪亮。产卵季节在4~5月，大树蛙会把卵泡挂在池塘上方的树枝上，小蝌蚪一经孵化，便会从树上坠入水中，从此生活在水里，直到尾巴彻底消失。

大树蛙生存不易。产卵之后，就会有各种

昆虫来掠食。等长成蝌蚪，又要面临水中的捕食者。因为没有自卫武器，在多数的捕食者眼里，蝌蚪就是一块肉。当它们终于可以顺利上树的时候，根本不知道，各种蛇类，特别是竹叶青等正挂在树枝上，等候它们到来。

大树蛙主要分布在四川、贵州、安徽、江苏、浙江、江西、湖南、福建、广东、广西、海南等地。

爬行动物资原

白云湖国家湿地公园里，目前已经发现爬行动物17种，隶属2目4科：蜥蜴目蜥蜴科1种、石龙子科3种；蛇目游蛇科10种、蝰科3种。

这些爬行动物中，石龙子和王锦蛇为优势

种，蓝尾石龙子、黑眉锦蛇、虎斑游蛇和乌梢蛇为最常见种，其余为少见种和稀有种。

黑眉锦蛇：又称菜花蛇、家蛇、花蛇、广蛇、黑眉蛇、黄颌蛇，是一种中型的无毒蛇，其头体背黄绿或棕灰色，体背前中段具黑色梯状或蝶状纹，至后段渐渐不显；从体中段开始，两侧有明显的四条黑色纵带达尾端；腹面灰黄色或浅灰色，两侧黑色；上下唇鳞及下颌淡黄色，眼后具一明显的眉状黑纹延至颈部，故名黑眉锦蛇。

黑眉锦蛇栖息于丘陵、草地、田园地带，收稻时多见于稻田。此蛇善攀爬，常于住宅中的房梁或屋顶上捕鼠，故有"家蛇"之称，被人们誉为"捕鼠大王"。此蛇虽大，但性情温和，不主动攻击人；只有受到惊扰时，才会竖起头颈做攻击状。以捕食鼠类为主，也吃鸟类、蛙类及鸡雏。

乌梢蛇：又称为乌蛇、黑风蛇、一溜黑、乌松、麻安、剑甲蛇、乌风蛇、乌梢鞭、黑蛇、风梢、假眼镜等。此蛇个体较大，系无毒蛇。背部绿褐色或棕黑色。成年个体黑纵纹在体前段明显。前段腹鳞多呈黄色或土黄色，后段由浅灰黑色渐变为浅棕黑色。头颈区别显著，瞳孔圆形。

乌梢蛇栖息在山区、平原及丘陵地带，常在田间地头、近水草丛中活动，收稻季节多见于田间，属昼行性蛇类。活动较为敏捷，被惊扰时能迅速竖起颈部，扭动身体并快速扑向目标，一旦攻击不成，掉头便逃，很灵敏，但一般不主动袭击人。该蛇食性较单一，爱吃蟾蜍和青蛙，有时也吃泥鳅。

重要鸟类

白云湖国家湿地公园重要鸟类主要有白尾鹞、红隼和红腹锦鸡。

白尾鹞：国家二级保护动物。雄鸟体型略大，长约50厘米，头顶灰褐色，具暗色羽缘，后颈蓝灰色；雌鸟褐色，头至后颈，颈侧和翅覆具棕黄色羽缘，中央尾羽灰褐色，外侧尾羽棕黄色，具黑褐色横斑。

白尾鹞系冬候鸟。每年3月末至4月初迁离。10~11月又返回。此鸟喜开阔原野、草地及农耕地。飞行时，比草原鹞或乌灰鹞更显缓慢而沉重。

红隼：栖息于旷野、森林平原、农田和村

庄附近等各类生境中，尤喜林间空地、疏林，或者有稀疏树木生长的旷野、河谷和农田地区。飞翔时两翅快速地扇动，偶尔进行短暂的滑翔。栖息时，多栖于空旷地区孤立的高树梢上。主要以蝗虫、蚱蜢、吉丁虫、蝤期、蟋蟀等昆虫为食。也吃鼠类、雀形目鸟类、蛙、蜥蜴、松鼠、蛇等小型脊椎动物。

红腹锦鸡：国家二级保护动物。又称锦鸡、金鸡、采鸡。全长70~100厘米。雌雄异色。雄性上体除上背为浓绿色外，主要为金黄色；下体通红；尾羽长，羽色黑而密杂以橘黄色点斑。雌鸟上体及尾大都棕褐，而满杂以黑斑；腹部纯淡棕黄色而无斑点。以食植物为主，兼食小昆虫和蠕虫。为我国特产中，分布于青海西南部地区、甘肃和陕西南部、四川、

白华秋沙鸭（陈武军　摄）

红嘴相思鸟（南山国家公园管理局供图）

物
共
鸣

湖北、云南、贵州、湖南及广西等地，核心区域在甘肃和陕西南部的秦岭。以食植物为主，兼食小昆虫和蠕虫。

重要哺乳动物

白云湖国家湿地公园重要的哺乳动物，主要有毛冠鹿、黑熊、云豹等。

毛冠鹿：国家二级保护动物。俗称隐角鹿。外形颇似鹿。体长1.4～1.7米，肩高0.6米；上犬齿甚大，呈獠牙状，露出口外；泪窝大而深，比眼眶的直径还要大；角极短，不分叉，尖略向下弯。栖息于亚热带山区常绿阔叶林及针阔混交林内。以草和其他植物为食，喜吃盐，栖息处常靠近水源。广泛分布于我国亚热带丘陵地区，北限秦岭，西至西藏东部，南限在北回归线附近。

黑熊：国家二级保护动物。别名亚洲黑熊、狗熊、黑瞎子。毛色漆黑，为林栖动物，主要栖息于阔叶林和针阔叶混交林中，南方的热带雨林和东北的柞树林都有栖息。在西藏东南部谷地，从低海拔的常绿阔叶林、季雨林，到海拔4000米左右的山地寒温带针叶林都有它们的踪迹。

黑熊为杂食性，但以植物性食物为主，青草、嫩叶、苔藓、蘑菇、竹笋、松子及各种果酱都吃，也吃鱼、蛙、鸟卵及小型兽类，喜欢挖蚂蚁窝和掏蜂窝。

云豹：国家一级保护动物，别名乌云豹、龟纹豹、荷叶豹、艾叶豹。中型猫科动物。雄性略大于雌性。全身黄褐色，体侧有对称深色大块云状斑纹，周缘近黑色，而中心暗黄色，状如龟背饰纹，故有龟纹豹之称，易区别于其他豹类。

云豹栖息于亚热带和热带山地及丘陵常绿林中，是豹类中最典型的林栖动物，能轻松攀爬上树，利用粗长的尾巴保持身体的平衡。白天在树上睡眠。常伏于树枝上守候猎物，待小型动物临近时，能从树上跃下捕食。

红蓼花疏：
云影波光里的植物群落

常绿针、阔叶林

巫水河两岸常绿针叶、阔叶混交林，是园区内较为多见的类群。这种群落类型，都是阔叶树种和马尾松共同构成群落的建群种。

位于河谷两侧，群落中的伴生种类主要树种有甜槠、栲树、黑壳楠、木荷、厚皮香、虎皮楠、青冈栎、豺皮樟、小叶青冈等。

灌木植物的主要种类有油茶、檵木、假死柴、柃木、鹿角杜鹃、箬竹、悬钩子、小果蔷薇等灌木。

草本层有莎草、千里光、铁芒萁、乌毛蕨、天葵、薹草等植物。

"东南亚第一——近城绿色长廊"两江峡谷清晨（陈凯军 摄）

常绿落叶阔叶林

该群落位于白云水库段。群落外貌为波浪状、馒头状突起。冠面颜色深绿色。分层明显，分两个亚层。

第一亚层高5米以上，由香樟、朴树、枫香、尖叶四照花、山樱桃、宜昌润楠、甜槠、黑壳楠、栲树、灯台树、梧桐、盐肤木、冈竹及悬钩子等木质藤本组成。

第二亚层高1米以下，主要由一些小树苗、草本植物组成。如三月梅、莎草、麦冬、薹草、白茅、鳞毛蕨等种类。林地坡度大，岩石裸露，土层薄，生物多样性高。

灌、果、草丛类

灌草在巫水河滩、山坡土层浅薄的地方，暖性灌丛发育良好。园区内板山、茶亭等处均有分布，主要类型有檵木、杜鹃、白栎、油茶、柃木、箬竹、乌药、假死柴、篌竹、悬钩子、鼠刺等。

草层主要有巴茅、莎草、千里光、白茅、马兰、铁芒萁等。

另外，还有一些附生藤木，主要种类有悬钩子、毛莓、金银子等。

中国南方最大的中山草甸峰丛（张健 摄）

青山有约：
重向烟波寻旧梦

蓝玉故里

蓝玉（1340—1393年），苗族，城步扶城峒（今城步县丹口镇太平村）人，明初著名武将。元末兵乱，城步各地苗民起兵北上，蓝玉父亲蓝春应，携家孥徙居安徽定远。蓝玉有个姐姐，年轻貌美，被朱元璋手下的将领常遇春看中，娶纳为妻，十多岁的蓝玉也因此投奔常遇春。

蓝玉很有胆识，屡立战功，深受常遇春和朱元璋赏识，受到多次封赏，为明朝的开疆扩土立下汗马功劳。

但蓝玉渐渐居功自傲，特别是手握重兵，引起朱元璋的不安。锦衣卫指挥蒋王献称，蓝玉有谋反行为。结果，蓝玉及全家均处斩，株连者达15000余人。这就是惊骇古今的"蓝狱"案（蓝玉是否真想谋反，历代众说纷纭，至今仍为疑案）。

今丹口镇太平村村口，有一座装饰精美的接龙桥，蓝氏宗祠即在桥头，在一片开阔的田野中显得分外雄伟壮观。2002年，蓝玉故里被列为湖南省重点文物保护单位。

长安营古迹

位于城步县境西南，南山脚下，海拔近1300米，距县城76公里。这里是湘桂黔三地交界之地，万岭参差，高险莫测，进可出其不意而攻，退可以一当十而守。自古为"控引黔桂，襟带湖广，矫虔内地"的兵家要地。

清政府为保长治久安，在此建署屯兵，取

名长安营，至今尚存长安营古城、跑马场、校兵场遗址及古街道。

长安营地势高险，雄踞全县30乡镇之巅，登此如步屋脊，可俯瞰四檐。虽地高势险，山上却是一方小平原，面积约6平方公里，酷似嵌在湘西南边陲的一座巍巍高台。高台四面环山，东边悬崖绝壁，西边古木参天，南有武川隘险阻，北有兰头坳雄关。台内地平坡缓，溪流纵横，田园展布，芳草延绵，苍老古树间或点缀其间。猴子坳的"水在石上流"，双塘冲的"高流落千丈"，龙头山的"龙头竹杖园"，岩门山的"神仙开天门"等，均为高台之胜景。

城步油茶习俗

城步县的苗乡山寨，自古有吃油茶的习俗。日常有宾客来，好客的苗家人就会以香喷喷的油茶相敬。聚居在城步南部的侗族、瑶族同胞，亦盛行打油茶。油茶既是饭前必食的饮料，又是迎宾待客的风味佳品。

城步苗家人打油茶，一般有六道工序。

第一，精选茶叶。峒茶（原产广西龙胜县江底，后在城步山中，发现大量野生峒茶），或采摘当地野生的一种大叶茶，经加工制作焙干，收藏备用；

第二，制作荫米、粑粑子。做荫米时，先将糯米拌以谷壳（主要防止糯米蒸熟后结团不散），浸透洗净后，放入少许茶油，蒸熟，待凉干时，用碓将糯粒舂扁，等有弹性时，筛去谷壳粉末，即可收藏。

粑粑子，就是将上等糯米蒸熟捣碎，成白细如生猪板油之状时，再捏成似花生米大的颗粒，放在干稻草上阴干。

第三，油茶色美味香。染上红、黄各色的荫米、粑粑子，在制作油茶时，需经油炸，再搅拌一起，五光十色。玉米、黄豆用油发成泡花，花生、核桃仁炒至香脆，再把红薯、马铃薯等切成小丁煮熟，作为配食。

第四，煮茶。将洗净的大叶茶放置锅中，加水煮沸，捞出茶叶，用擂钵擂烂，再倒入锅中，煮成浓茶汁，捞出渣残，茶里加放油、盐，佐以擂碎的大蒜、生姜、辣椒等，制成茶汤。

第六，撒茶料。在茶盘中摆好茶碗，将各种主料分放碗中，冲入滚沸的茶汤，撒上葱、胡椒粉等佐料，即成闻名遐迩、香味浓烈的城步苗寨油茶。

城步油茶具有香、咸、苦、辣、甘等味，有提精养神、祛湿散寒、驱瘴除病的作用。城步油茶经数千年漫长岁月，至今流传，并具有强大的生命力，完全在于它对城步人的生存发展，具有极其重要的意义。城步人说，可以一日不食饭，不可一日无油茶。

城步苗家人热情好客，不管远村近邻，还是生人熟客，只要你踏入苗家吊脚木楼的大门，主人便立即丢下手头活计，以打油茶相敬。

若你初次去苗家相亲，苗家妹子会施展自

己最好的打茶手艺，为你打出香喷喷的油茶，以表心意。打茶过程中，锅铲与茶锅碰击，时而发出很有节奏的响音，擂槌与擂钵，冲捣茶叶和胡椒，产生出和谐的韵律，那是姑娘在向小伙子吐露爱意的心曲，也是定情的基调。

万物共鸣

南　山

十万古田：
从废弃的家园到荒原湿地

十万古田之
由来

出现在眼前的这片荒原，是湘桂交界处的一处无人区。具体位置，在城步县汀坪乡与广西资源县车田苗族乡交界处，距城步县城60公里，南距桂林150公里。这片壮阔的高山沼泽湿地，名为十万古田，其面积之广、水草之丰美、植被之奇异，令人惊叹，生物学家称之为"天然动植物基因库"。

　　十万古田的行政管辖权，原隶属城步县汀坪乡蓬峒村，现归南山国家公园试点区管理。十万古田中的"古田"，虽有不少解释，大部分都没有确凿依据。城步县政府网站上有篇关于《巫山巫水来历》的文字，上面清楚地写着："湖南城步境内的巫山，坐落在湘桂边境上，古时候称为古田山，至蜀汉初年始改为巫山。从这座山上发源的溪流，在战国、秦、汉时代，称为熊溪，直到蜀汉初年才改称巫水。"

巫水之源头在巫山，而巫山在古代称为古田山。古田山与现在的十万古田，有没有关系呢？

今城步周边绥宁、会同等巫水流域的百姓，习惯称巫山为大巫山。大巫山非指一座山，而是扩展到了一个较大的空间区域，巫山只是一个特定标志。因此，古田山，是泛指城步县城东南这片山脉，其中就包括十万古田区域。

清道光年间的《宝庆府志》中，城步东南部的这片山地被称为古田山；同治年编撰的《城步县志》中，也有关于古田山的记载："由兴安五排破金子、古田二山。"金子山，现在写成金紫山，在十万古田东北方向，两山之间相距约8公里。至少在晚清，古田山已成为十万古田这片高山台地的专用名称了。

十万何解？是指这片古田山的面积约为十万亩，十万是约数。十万古田在城步县汀坪乡境内，东邻新宁县崀（làng）山镇，西与南山隔峰相望，北接绥宁县黄桑坪苗族乡，平均海拔1670米。十万古田，面积到底有没有十万亩呢？

为弄清十万古田的确切面积，2008年9月19~23日，邵阳市文物局、城步县文物局组成"十万古田联合科考组"，对古田山进行考古调查。经过测量，古田山实际总面积为89940余亩，民间喜欢整数和约数，一般就说成十万亩。

当科考组来到十万古田，但见四野众峦环拱，芳草丛棘，远处蓬峒山峰隐约可见。十万

古田内溪流纵横，芳草如茵，生长着大片灌丛，几十亩沼泽湿地隐现其间。

根据科考组公布的材料，十万古田核心区域，呈梯形分布，北高南低，北为上古田，南为下古田，中间为中古田。在中古田中心，有一处直径300米、约为圆形的疑似古城址遗迹，位置略高于周边，形态规整。经进一步考察，在古城址外缘，围绕圆形古城址一周，有一条宽3米左右的护城河遗迹，从高处俯瞰，中古田的正中心，被树林呈半圆形包围，古城址内有明显的建筑基石痕迹和少量木建筑构件遗存。

在中古田的南边山坡上，还发现了古墓群，有的墓葬刻有碑文，较早的为乾隆时期（1736—1795年），最晚者为咸丰时期

（1851—1861年）一个清官员的墓葬，长4米，宽2米，有甬道和墓室之分，花岗石砌筑。另有部分明代青瓷残片和清青花瓷残片被发现。

毫无疑问，这片高山荒原湿地，曾经是一个令人向往的桃花源，有良田美池，阡陌交通，鸡犬相闻。

可如此美好的家园，为何又变成了现在这般水泽山乡？

曾在这里生活的究竟是何人？到底发生什么变故，迫使他们离开这片肥沃的乡土，又去向何方？

林葱草茂，
古田往事

湖南古梅山地区，曾是中华民族始祖之一蚩尤的世居部落。蚩尤的后裔孕育了苗族、瑶族等南方少数民族。古梅山核心地区在新化，这是瑶民族发祥地之一，也是瑶民族之根。但是，地处湘中腹地的新化县，在明代，当时人均水田一亩有余，全县粮食本应自给，却无力抵御频繁的自然灾害，以及无尽的战乱，始终未能改变"上吃州粮，下靠湖米"的缺粮局面，特别是连年的战争，造成大量新化瑶民迁徙他乡。

同治年间的《新化县志》记载："新化瑶民，于明末迁徙殆尽。"即整个明代，瑶民都在不断迁徙他乡，主要走向西南地区的崇山峻岭之中，其中有一小部分，居住在群山之中的古田山上。

明弘治年间（1488—1505年），城步县发生了规模较大的苗民、瑶民起义，促成了弘治皇帝对城步县采取了"改土归流（即废除少数民族地区的土司制度，改由朝廷委派官员直接统治，实行和内地相同的地方行政制度）"的管理措施，城步也因此成为中国历史上"改土归流"第一县。

后来，随着著名的"城桂古盐道"开通，更多的瑶民来到了古田山。

明嘉靖（1522）之前，城步县一直食用淮盐（江苏沿海所产，即淮盐），从大运河装盐上船，经扬州、南京、汉口、洞庭湖、益阳、安化、新化、邵阳至城步。这是一条水路。嘉靖后，城步县改食粤盐，从广东沿海购买粤盐后，由西江运至梧州，转运至桂林。盐商再从桂林贩运入城步境内。这是新开辟的城步至桂林盐道，全程约360里。途经龙潭庵、塔溪、贺家寨、矮岭子、冒水井、横水界、桥头寨、上岩头、汀坪、稷子坪、隘上、蓬峒、地冲界、杨梅坳、高桥、窝峒，至贝子河，入广西地界。

新化县四处迁徙的瑶民，发现了这条通往西南新开辟的盐道。他们从新化上船，沿资水、赧水、巫水，在城步县城南的龙潭庵，弃舟登岸，向南一走走到一个叫蓬峒的地方，他们发现了这处荒芜的高山台地，面积广大，地势平坦，最宜刀耕火种。

大量古田瑶民的到来，与当时土地所有者，即峒主产生了矛盾，土、客械斗的事，时有发生。古田瑶民的人数众多，团结一心，很

快打败峒主。峒主一纸诉状，将这些新来的古
田瑶民告到了城步县衙。

改土归流，也产生了一些实际矛盾，城步
知县认为自己是朝廷命官，为显示威力，对当
时苗、瑶百姓严加管控，增加苛税，造成官民
矛盾；另一方面，为有效治理，知县还要拉拢
土司、峒主等地方势力。因此，当峒主把一纸
诉状递上来时，知县决定帮助峒主，派人去赶
走古田瑶民。官民矛盾，日益激化。

地方志这样记载："嘉靖三十九年，古田
瑶民攻陷城步；嘉靖四十五年，古田瑶复寇
城步。"

尽管古田瑶民数次把城步县城攻陷，但国
家有强大的正规军，古田瑶民终被打散，土地
回到峒主手中。

对于外迁的瑶民来说，这片高山台地实在诱人，土地肥沃，最宜种庄稼。官府赶走一批古田瑶民，不久又来新的一批。至清代，鉴于苗、瑶等起义者，屡屡恃险数败官军，朝廷决定建立长安营城，屯兵驻守，管理城步、绥宁等峒寨。十万古田，距离长安营城大约35公里，成为长安营的一个派出机构，专门管理古田瑶民。

从此，古田山成为向外迁徙瑶民的一个落脚点，他们大多数人留在这里垦荒种地，安居乐业。

但是没想到，忽然有一天，古田瑶民遇到了飞来灾祸。

生态修复：
荒原草色遥似海

蝗灾在中国古代被列为三大自然灾害之一。咸丰初年，中国南方地区发生了严重的蝗灾，其面积之广、时间之长、灾情之严重，实属罕见，蝗灾由南向北狂飙，使得北方也深受其害。从《清实录》的记载，可见当时的惨状："飞蔽天日，塞窗堆户，室无隙地""蝗食苗殆尽，人有拥死者"。

清咸丰在位十一年，共有600多次大大小小的蝗灾记录，大蝗灾有七年之久。从咸丰二年（1852）广西开始生发、蔓延，最严重的是在1856—1858年，重灾省份11个。

蝗虫是暴食性昆虫，蝗灾大暴发时，蝗虫遮天蔽日，咬食各种东西，树叶、衣服，甚至会咬食人，"食叶嚼穗，罄尽为止。"蝗灾的出现往往与旱灾相连，如果治蝗不及时，百姓之苦将惨烈无比。在民国的文献上常可看到战乱又逢旱情蝗灾,有饥饿不能出门户者,合家投缳自尽;有买卖人口,甚至人相食,让人不忍卒读。

蝗虫所过田地,对庄稼而言直接产生了毁灭性的后果。城步附近的新化、武冈等地"腊食秋苗落穗,民饥无以为活,鬻(卖)儿女一名,仅得斗米""稻秆如剪,五六日即剪尽无遗",新化"中晚稻俱尽"。

清代中后期,南方大蝗灾变得频繁,这与当时南方地区人口激增,导致乱砍滥伐、垦山、围湖等行为有关,蝗虫的天敌青蛙、鸟类等逐渐减少,给蝗虫的生存提供了更多适生区。清同治(1862—1874年)《城步县志》记载:"至于近日,情形与前迥异,本地居民,已经生齿日繁,

万古田千年古荟野·陈绍山

更兼以新化农民，多有携眷来县，开垦山土者，大约人丁加增，较昔已不下数十倍。"

人口数十倍的增长，粮食不够，还得开垦荒地。此外，清同治城步县志中，还记录了一条信息，清同治六年，城步知县盛镒源发布告示，严禁山民野放牛马，要多种杂粮，以补稻米不足："乡间陋俗，每于冬初，即许野放牛马，任其野食。去秋已经出示严禁，不准散放牲畜，并饬令赶种杂粮，以佐谷米不足，免致乏食这虞。"

结果，响应者寥寥。生态被破坏，导致蝗灾连年。蝗灾的后果很严重，庄稼绝收，接着瘟疫流行，瑶民不得已四处逃散、迁徙。自此以后，十万古田已成为一片杳无人烟的高山荒原。

十万古田的城址外围，是一片低洼处，以

沼泽地为主。因为植物腐烂，常年水淹而造成。在城址外低洼处的沼泽地范围内，发现一些房屋基址。当地人反映，在沼泽地泥下一米左右，曾挖出过修建房子的大木头，并发现青石古街道遗存，这就说明该低洼处曾有人居住过，沼泽地应为居民迁走后才形成。在中古田周围山坡台地上，还发现了大量的古屋场遗迹。

没有人烟的十万古田，恢复了自然的宁静。城中的人工排水系统，由于灾民逃离而荒废。周围山上落叶和枯萎的植物，由于雨水作用，冲刷到中古田较为低洼的地带，然后阻塞，造成降雨无法排泄，留在了这片高山台地上。落叶、植物泡在水中，开始腐烂，毫不起眼的苔藓植物，开始在这片古田山上攻城略地，它们爬满了荒野，甚至，想爬满所有的树林。

云锦杜鹃：
十万古田的花魁与公主

陶志胜老师带我进入十万古田之后，我感觉进入了一个泥泞的世界，到处水渍，稍不留神，就会滑入沼泽的深渊。陶老师告诉我，十万古田的表层几乎全部是腐殖土，厚度高达1米以上。这些黑油似的土壤，挖出来即可当肥料卖。

广西一个蔬菜种植户，曾组团到十万古田购买黑泥，且价格不菲，被当地人断然拒绝；一名在深圳从事蔬菜生产、贸易、研发20多年的邵东籍老板，来到城步十万古田后，激动得热泪盈眶，他说："我搞了一辈子蔬菜，从来没看到过这么好的黑土！"他说，无论什么蔬菜，只要能在十万古山种出来，就是无可争议的有机蔬菜。

黑油油的泥土让这片沼泽湿地变成了植

十万古田大钟杜鹃花开（南山国家公园管理局供图）

物王国。当我踏入十万古田的核心地带，立即被眼前100多亩的云锦杜鹃所震撼。多年前，去浙江天台，在华顶山上我看到了大片云锦杜鹃，那是第一次见，它是世界上1600多种杜鹃花中的佼佼者，盛开时花大如碗，灿若紫霞，而且有大红、粉白、紫色等多种颜色，其中又以紫红色最多。这样山野之花，铺天盛开，又得"云锦"之美名，真是锦上添花！

后来得知，云锦杜鹃这么美的名字，来自近代著名诗人陈三立，他是光绪进士，辛亥革命后，潜居庐山讲学。陈三立喜爱杜鹃，花开时节，远望群山，见杜鹃花似锦如霞，欣然命笔，写下"云锦杜鹃花"。1932年，我国植物园学的先驱胡先骕在撰写《庐山志·植物卷》时，为"云锦杜鹃"立一条目，下注："牯岭附近溪涧常见此花，陈三立老人名之曰'云锦花，取其形状美丽之意。"

云锦杜鹃是十万古田最艳丽夺目的"公主"。一株杜鹃树上花朵成千，又称"千花杜鹃"。云锦杜鹃是杜鹃中的稀有品种，但在十万古田，云锦杜鹃成片生长，面积达数百亩，树高从四五米，至八九米的大树上都有，枝干有碗口粗细，其中胸径25~30厘米、高6米以上的古老云锦杜鹃，超过上万株。

我上得山来，正是花开时节。云锦杜鹃仿佛应景而开，十万古田的山岭，顿时变得灿若云霞，姹紫嫣红。都说牡丹华美，但比起云锦杜鹃，牡丹仍要逊色几分，若论气势，更不及云锦杜鹃。在很多论坛上，有人一直在讨论，要把云锦杜鹃推选为国花，大家争论很热烈，无非是表达一种对云锦杜鹃的喜爱之情。当然，就实力而言，云锦杜鹃推为国花，也不是没有可能的。

但十万古田数百亩的云锦杜鹃林，却又有一处与众不同，走进丛林，很多低洼潮湿的地方，到处是粗壮的云锦杜鹃树、丛生的灌木、密布竹子。一些老树的枝干完全被苔藓包裹，或被老藤缠绕，只露出片片绿叶。使得整个十万古田仿佛就是一个长满苔藓的原始丛林。由于丛林的面积过大，如果不是向导带路，很容易误入其中，这里手机信号全无，要想出去，就很难了。

高山巨藓：
一种卑微生命的蓬勃与飞扬

穿过原始森林，踏过一段极难走的沼泽区后，出现在我面前的，是一片渺无人烟的洪荒世界。这里除了遍地艳丽的野杜鹃，还有一种更为神奇的植物，一直以来我们从未正眼看它一眼，甚至，我们经常把它踩在脚下，或者肆无忌惮地践踏。它的生命结构很简单，没有叶和根的分化，在这个世上，它附地而生，卑微地活着。可我们小看了它，它虽是结构简单的植物，却又是最原始的高等植物。它叫苔藓。

谁也不会把苔藓放在眼里，就像我们对待蚂蚁。但这些卑微弱小的生命，有时却以一种让人瞠目结舌的方式，显示出它的强大。千里大堤轰然崩塌，有时就是不起眼的蚂蚁在作祟。植物呢，比如苔藓，它以一种悄无声息的方式，占领了眼前这片高山荒原。

　　地球上最初的生命，只能在海洋和淡水中生存，以躲避太阳剧烈的紫外线照射。植物出现之后，光合作用释放氧气，空气中氧气含量逐步增加，在紫外线作用下，形成地球上的臭氧层，阻挡太阳紫外线，为生物登陆提供条件。同时，水中的生物渐渐变得拥挤，为拥有更广阔的生存空间，一些植物开始尝试登陆，苔藓植物，就是登陆植物中的一员。

　　当我来到十万古田的荒野沼泽，看到几十亩成片高山巨藓，就觉得有些梦幻，那些巨藓如同史前植物，一大团一大团匍匐于地，有的厚达一两米，几乎不敢相信眼前事实，那一刻，也彻底颠覆了我对这些弱小生物的认知，在巨大的苔藓面前，不由肃然起敬，我看到了一种卑微生命所产生的强大能量，一种生命的

云南古田苔藓与独蒜兰（李建萍 摄）

云南古田苔藓与独蒜兰（李建萍 摄）

蓬勃与飞扬。

苔藓植物是由水生向陆生的过渡者。它们在地球上生存了3.8亿年，拥有极强的适应性。这是一种变水植物，能快速调整体内的水分含量以适应环境。

陶志胜老师告诉我，苔藓是苔藓植物的简称，包含苔类、藓类和角苔类三大类。这是植物界由水生过渡到陆生的第一类群。它与蕨类植物、种子植物一起，被称为高等植物。苔藓植物有根、茎、叶的分化，不过它的根、茎、叶与现代植物并不同，仅由少量的细胞组成，功能和结构比较简单。

苔藓的根是假根，只有固定作用，没有吸收水分、无机盐的功能。它的茎没有维管束的分化，无法输送营养物质与水分，缺少维管植物普遍存在的木质部。它的叶构造更简单，仅由单层细胞构成，没有叶脉，通透性良好，可以吸收水分和无机盐。结构如此简单原始的苔藓，为什么是高等植物呢？

有性繁殖过程，有胚发育阶段，这些都是判断苔藓为高等植物的依据。陶志胜老师告诉我，与我们生活中常见的种子植物不同，苔藓既不开花也不结果，它可以像蘑菇一样产生孢子，用孢子繁殖。孢子散布到合适的环境，即可萌发并长成新一代的植物体。

至今，地球上已有2万多种苔藓植物，别看它们大多数只有几厘米高，却是地球上最古老的居民之一，比恐龙出现的三叠纪还要早近2亿年，而人类的祖先在地球上出现，也不过只有百万年的历史。

穿过十万古田的
沼泽湿地

在十万古田护林员李文海、李明军的引导下，我和陶志胜、邓德群穿过莽莽的丛林区，来到了沼泽地带。这里的低洼水沟一个接一个，丰美的水草一片连一片，一望无垠。水草下的沼泽深度平均为3米。途中还有一处水泊，清波荡漾，弥望浩淼。大家都不敢掉以轻心，紧随向导。向导在前面带路，留下深深的脚印，而我们，亦步亦趋，都是踩在向导身后的脚印前行。因为一旦陷入沼泽的泥潭，就会被无情吞没。

正在丛林中艰难行走，突然，陶志胜要向导停一下。他指着林中的一个大树，说："你们看，那棵树干，生长着一簇簇粉红色或淡紫色的花朵，唇瓣上有深色斑。那就是国家二级保护植物独蒜兰，兰科独蒜兰属。其花朵长约

2~3厘米，有扑鼻的清香。"

大家纷纷驻足观望，虽只有两三米的距离，却谁也不去上前观看。美丽的独蒜兰，就像个女孩的梦挂在树上，谁也不敢惊动它。我问："独蒜兰为什么会长到树上呢？"陶志胜解释说："独蒜兰属半附生小草本，主要生长在海拔900~3600米的常绿阔叶林下、灌木林缘腐殖质丰富的土壤上，或苔藓覆盖的岩石上。由于十万古田海拔高，风力强，独蒜兰花籽便随风跑上树，依附在苔藓上生根开花。过度采挖，是致其濒危的主要原因。"

目前，试点区对园区内进行植物资源科普调查时，共发现8种湖南新记录植物，它们是：华南堇菜、云南独蒜兰、毛唇独蒜兰、大花荷包牡丹、多叶斑叶兰、亮毛堇菜、秦岭宽叶藤和大花藤。

十万古田境内，有阡陌溪流，降水十分充沛。与常见的亚热带山丘不同，十万古田上有林木，有茅草，植被为山地草甸。此外，还分布着林地、沼泽和湿地。其中草地面积最为广阔，草坡绵延，十分辽阔，林地有常绿阔叶林、竹林和其他山地灌草林。

十万古田的考察已经结束。虽走马观花，但印象极深。很多原始的画面一直在眼前呈现。那些在地势相对低洼的地方，有一大片十分珍稀的苔原、沼泽和湿地，那里还有一片泥炭藓地，如凸起的绿色土包一样，一座连着一座，十分柔软疏松，难得一见。除此外，十万古田上遍布苔藓、草木本植物、竹林的高山湿地和沼泽，也让我有了一次难得的探险机会。

末万古田的春天（南山国家公园管理局供图）

沼泽蕨，这种曾经被认为在湖南已经绝迹的植物，也在这里被重新发现。

十万古田冬暖夏凉，降水丰富，年均气温12℃左右，年降水量约1800毫米。合适的气温、充沛的降水，以及多种多样的土地类型，使得这里成为多种生物的天堂。在已经发现的700多种植物中，属国家重点保护的就有伯乐树、香果树、长苞铁杉等27种，有八角等香料植物25种，厚朴、杜仲等药用植物80多种，还有首次被发现的五加科新属"湖南参"。

这里生态原始，没有遭到人为的大肆破坏，还能寻到黑熊、锦鸡、大鲵等珍稀动物的踪迹。

十万古田境内人烟稀少，在试点区管理机构成立之前，只有长居此地的护林员和零星游客。这里的草地、林地、湿地、沼泽，基本上已不适宜人类居住。谁也不会想到，这片荒野沼泽，在历史上曾是一座繁华的小城、拥有一条贯穿中古田的"古盐道"，以及流浪迁徙至此的古田瑶民。曾经是良田万顷、村落聚居的繁盛之地，却因人口骤增，导致大规模的开山垦荒，造成生态平衡被破坏。

一切繁荣，都因清咸丰年间连年蝗灾而结束。人类撤离之后，自然开始收复失地，重新接管了这里。

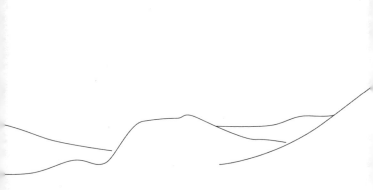

万物共鸣

南　山

丘陵山地：
候鸟迁徙大通道

候鸟：
对季节的敏感，
对生命节律的遵守

每年春秋时节，我们仰望天空，总会看到候鸟们成群结队忙碌迁徙的身影，大雁排成"人"字或"一"字的队形；鹤群长长的迤逦的灰线，如科幻片中划过天海的悬空舰队；看见黄昏时，庞大的燕雀群如低空云朵掠过大地。我们不知道这些鸟儿何以集结成如此庞大的规模，铺天盖地、经日不绝，不知道它们从哪里来，又飞向何处。

人类许多民族，也有迁徙的历程，比如逐水而居，比如锡伯族西迁驻防等。在非洲，每年的八九月，当坦桑尼亚的塞伦盖蒂大草原旱季来临之际，数以百万计的野生动物，如角马、斑马、羚羊等动物，开始了距离长达3000公里的大迁徙，它们渡过马拉河，迁往肯尼亚的马赛马拉大草原。这些动物浩浩荡荡地迁徙，并不是杂乱无章，它们像一支训练有素的军队，分工明确，训练有素，秩序井然。这是非洲大草原上每年都要上演的一幕惊心动魄、堪称史诗级别的自然奇观。

鸟类的迁徙，是指鸟类中的某些种类，每年春季和秋季，有规律地沿着相对固定的路线，定时在繁殖地区和越冬地区之间，进行长距离的往返移居现象。这些具有迁徙行为的鸟种，即为候鸟，也称迁徙鸟。

如果非洲大草原上雄壮的迁徙称为史诗，那么鸟类的迁徙则是壮举，它们以羸弱的身体漂洋过海，飞向远方。

鸟类体格虽小，它们的迁徙路程从几百公里到上万公里不等。北极燕鸥是迁徙距离最长的鸟类之一，它在北美地区繁殖，在非洲和南美洲越冬，行程达22530公里。鸟类迁徙的速度平均在每小时30~70公里。鸟类迁徙时的飞行高度一般低于1000米，大型鸟类可达6000米。个别种类，如斑头雁可飞越珠穆朗玛峰，飞行高度达9000米。

鸟类迁移的原因，主要是逃避恶劣的气候条件，追寻适宜生存的环境，寻觅充足的食物来源，还有就是寻找一个有利于生儿育女的栖息地。

候鸟的迁徙具有一定的时期性、方向性、路线性和地域性。迁飞距离较远的鸟类，能跨越许多国家，甚至洲际。如雁、鸭类、家燕和其他许多鸟类。

具体到某一地区，根据候鸟迁徙的情况又可分为：

夏候鸟，夏季在某地繁殖，秋季离开，迁往南方较温暖地区过冬，翌年春又返回某地进行繁殖，就该地区而言，称夏候鸟。

冬候鸟，冬季在某地越冬，翌年春季飞往北方繁殖，到秋季又飞临某地越冬，就该地区而言，称冬候鸟。如黑雁、花脸鸭和太平鸟等，为我国的冬候鸟。

旅鸟，候鸟迁徙时，途经某地，不在此地区繁殖或越冬，这些种类就成为该地区的旅鸟。如旅经我国的黄胸鸡、某些鸽和鹬等。

因此，同一种鸟，在一个地区是夏候鸟，在另一个地区则可能是冬候鸟。

科学家研究，地球上迁徙的鸟类有3000多种，约占全部鸟类种数的三分之一，每年进行迁徙的鸟类不少于100亿只。目前，世界范围内共形成了8条鸟类迁徙通道。

第一条：跨越整个大西洋，连接西欧、北美东部及西非狭长地带，称之为大西洋迁徙线；

第二条：连接东欧和西非，称之为黑海—地中海迁徙线；

第三条：跨越印度洋，连接西亚和东非，称之为东非西亚迁徙线；

第四条：从南到北，横穿整个亚洲大陆，称之为中亚迁徙线；

第五条：跨越印度洋、北冰洋和太平洋、连接东亚和澳大利亚大陆，称之为东亚—澳大利亚迁徙线；

第六条：贯穿整个南、北美洲、太平洋沿岸，称之为美洲太平洋迁徙线；

第七条：贯穿整个南、北美洲中西部，称之为美洲密西西比迁徙线；

第八条：将南、北美洲整个东部连接在一起，称之为美洲大西洋迁徙线。

中国境内，是候鸟迁徙路线上的湿地驿站。每年从中国经过的候鸟，数量都以千万计。候鸟长途飞翔，不但要利用广阔的空域，还必须到合适的地方停歇，补充能量。

在中国境内，迁徙的鸟类有三条主要路线，即东部、中部、西部三路。分布在中国各处的湿地，就是这三条路线上对候鸟至关重要的栖息地，是它们必不可少的"加油站"。

候鸟迁徙：在湖南的三条通道。

全球候鸟迁徙的八条线路中，其中有三条从我国经过，即东部迁徙路线、中部迁徙路线以及西部迁徙路线。

东部：这是东亚—澳大利亚候鸟迁徙路线。从我国南海的东南沿海一带出发，穿过华南东部、华中、华东、华北的大部分地区，前往俄罗斯的西伯利亚。这条迁徙路线的候鸟，一般在阿拉斯加、西伯利亚、蒙古东部以及我国东北地区进行繁殖，而后前往东南亚、澳洲等地越冬，主要有鸻鹬类，还有在我国越冬的鸟类，例如白鹤、花脸鸭、苍鹰、长耳鸮、黄喉鹀等。此条迁徙路线，是涉及候鸟种类及数量最多的一条。

中部：此为中亚—印度候鸟迁徙线路。以我国云贵高原为起始，穿过四川盆地，沿横断山脉，并经阿尼玛卿、邛崃、大巴山、秦岭、贺兰山、阴山等山脉，或翻越喜马拉雅山脉、

鸳鸯成群（南山国家公园管理局供图）

唐古拉山脉、巴颜喀拉山脉以及祁连山脉，最终达蒙古国与俄罗斯中西部及西伯利亚西部。因此路线的整体海拔偏高，故经该路径进行迁徙的鸟类，一般为大天鹅、赤麻鸭、灰雁等迁徙高度较高的高原鸟类。这些鸟类在我国青藏高原南部、云贵高原以及印度和尼泊尔等地区进行越冬。

西部：这是西亚—东非候鸟迁徙路线，东起内蒙古、甘肃西部，以及新疆大部，沿昆仑山向西南，进入西亚和中东地区，终至非洲。主要候鸟有波斑鸨等。

每年，从我国过境的候鸟种类和数量，约占迁徙候鸟的20%~25%，全国大部分地区，均处在重要的国际候鸟迁徙路线上。其中，东亚—澳大利亚迁徙线候鸟数量最多，飞翔在这条线路上有白鹳、天鹅、黑鹳，猛禽有老鹰、猫头鹰，雀科类有相思、画眉等。

每年9~11月，候鸟开始了飞向南方的迁徙，次年3~5月，则是回归之旅。鸟类迁徙所经的大多数省份，只有一条通道。但湖南地貌特殊，东、南、西三面环山，中部山丘隆起，北部平原、湖泊展布，整个地型逐渐向中部及东北部倾斜，形成向东北开口不对称的马蹄形。此种特殊地型，让湖南有了三条候鸟迁徙通道。

其中，有两条是"窄道"：即东西的两条山脉，东部罗霄山和西部雪峰山，只有一部分候鸟飞越这两座山脊，所以称为窄道。关于窄道的形成，主要和山脉有关。鸟类在迁徙过程中，通常需要借助气流做动力，空气划过翼面产生升力，使得鸟类得以在空中远距离飞行。但遇到南北走向的山脉阻拦时，则需要借助沟谷风继续前行，这使得大量鸟类集中到了一条较为狭窄的范围内通行，这就形成了鸟类迁徙的狭窄通道。

如果在迁徙过程中遇到东西走向的山体阻隔，通常鸟类需要翻越山梁。每遇此处，过往鸟类通常飞得很低，特别是阴雨大雾天气，过往鸟类甚至紧贴地面越过山岭。这一现象被当地人掌握后，便成了偷捕鸟类的最佳位置，在很久以前，这些为过往鸟类布下天罗地网的地方，多取名为"打鸟坳""鸟坳""回鸟坳""寒鸟坳"等，每逢迁徙季节，特别是阴雨大雾天气，这些关口则成了迁徙鸟类的噩梦。如今已成立候鸟保护站，政府也对村民进行法制宣传，极大地遏制了捕鸟陋习，保证了迁徙鸟类的安全通行。

两座山峰的中间部分，即湘中地区，称之为宽道。在湖南定居的候鸟，大部分都选择从宽道迁徙，它们从湘中地区铺天盖地向南飞去，春暖花开时，再集体飞回到湘中来。

南山国家公园体制试点区，位于湘西南边陲越城岭山脉与雪峰山脉交汇处，森林覆盖率达86.5%，境内有两条千年候鸟迁徙通道，分别是：

西岩镇—城步县城—白毛坪乡—十万古田—广西资源，飞往东亚；

西岩镇—城步县城—丹口镇（两江峡谷）—金童山—五团镇（铺路水村）—南山牧场—广西龙胜，飞往南亚。

湖南境内有400多种鸟类，加入迁徙的候鸟大约有400多种。经过窄道的大多是水禽，如鹳形目鹭科鸟类、鹤形目秧鸡科鸟类。一说到候鸟秋天向南飞，很多人第一个想到的身形宽大的大雁，以大雁为首的鸟类，都是飞窄道，我们熟悉的小白鹭、大白鹭都在其中。

尽管试点区内的这两条千年鸟道，属于雪峰山窄道，但每年秋冬季，候鸟迁徙南飞的数量，却在逐年增加，2020年，城步县林业局根据候鸟野外观测站得到的最新数据，在2020年2、3月份不到2个月的时间里，监测到过境候鸟数量和种类达104种、数量90.7万只，较2019年同期增加9万余只，为历史新高。此时正是春暖花开时节，这些北归的鸟儿又开始了大规模的迁徙之旅。

莽莽南山，
何以成为候鸟迁徙通道

翻开华夏地图可以看出，从东北大兴安岭一路南下，有太行山、秦岭伏牛山、武当山、巫山、壶瓶山、武陵山和雪峰山，这些山脉形成了一道高地屏障。屏障以东，是华北平原和长江中下游平原，穿过渤海湾与东北平原贯通，这种特殊的地貌格局，使得中华大地东部季风区的鸟类，南北迁徙基本畅通无阻，除中部大别山、罗霄山外，径直南下，直达南岭山系方遇阻隔。

西伯利亚南迁的候鸟，由俄罗斯、蒙古进入中国辖区继续南下，翻越秦岭，进入长江中下游平原，部分在鄱阳湖和洞庭湖越冬，部分继续南迁，到达南岭。

南岭山系，横亘于湖南与广西、广东之间。南来北往迁徙的鸟类，每当飞至北纬25°时，均会面对南岭山系的阻隔。它们要面临两种选择，一种是从山顶翻越，一种是选择沟谷穿越，绕山而行。

翻越山顶比平地需要花费更多能量，人类如此，鸟类也不例外。在千万年的进化中，迁徙鸟类选择了最佳迁徙时间和路线。鸟类迁徙的时间选在3~4月和9~10月。这段时间正是季节交替，南风或北风最强劲的时候。这对鸟类借疾风气流盘旋而上越过山脊，将有很大帮助。

一些贯穿于南岭山间的沟谷，构成了鸟类迁徙的最佳途径。试点区的两江峡谷—三十六渡河就是其中之一。

两江峡谷—三十六渡河为一道纵贯南北，长达130公里的沟谷，其东侧是东南—西北走向的越城岭，最高海拔为真宝顶，2123米。其西侧是南北走向的八十里大南山，最高海拔为南顶山，1940米。两山之间的沟谷海拔，仅为600~700米，其北通武邵盆地，南贯桂中盆地，是南岭西侧一条绝佳的南北迁徙通道。

每年春夏季，北上的候鸟从此通道迁出后，呈扇形分散开，一部分飞往重庆，一部分去了江浙，有的去了洞庭湖甚至更远的地方；每年秋冬季，南下的鸟类从该通道迁出后，也成扇形散开，有的去了广西百色，有的去了海南岛，还有的飞越北部湾，去了东南半岛。因此，试点区的两江峡谷，是候鸟迁徙通道上重要的隘口。

在千万年的迁徙演化过程中，候鸟在群山之中，发现并选择了这一通道。根据科学测量，每逢鸟类迁徙季节，沟谷内季风湍急，动辄七八级，流云缥缈，云遮雾罩，候鸟借助山谷气流，踏风而至，又匆匆而过，形成浩浩荡荡的迁徙大军。

飞越南岭的
千山万壑

候鸟长途飞行，需要中途停歇，或休整，或补充能量。最常见的是停歇在补给地，候鸟在迁徙过程中，会消耗大量能量，体重下降迅速，所以在迁徙路线上，可在中途降落到适宜的地点取食，并以很快的速度重新积聚已经损耗的脂肪，以便继续它们的旅程；还有一种情况，候鸟要飞越一些条件较为艰苦的地区之前，如沙漠、高山、大海等，由于途中无法获取食物，必须不停歇，一次完成整个迁徙，故需要存贮脂肪更多。这些补充脂肪的地区，则称为飞跃生态屏障的停歇地，和补给地的区别在于，候鸟在停歇地的时间要更长一些。

南山国家公园体制试点区位于湖南省城步县南部，整合了南山国家风景名胜区、金童山国家级自然保护区、两江峡谷国家森林公园、白云湖国家湿地公园，以及一些乡镇和林场部分具有保护价值的区域。这里是湖南西南边陲的一处宝贵的青山绿水，白云缭绕，环境多样，资源十分丰富。

试点区地处越城岭山脉与雪峰山脉交汇地带，受地质构造运动的影响，园区内地势起伏大，形成多种地貌类型，金童山至老山一带山岭，把南境蓬峒、杨梅坳、五团、江头司等乡镇与县境中部分开，分别形成向南、向北倾斜的谷地，将源于境内的巫、资、渠、浔四水，分为长江与珠江两大水系。

试点区内动植物资源十分丰富，是重要的珍稀动植物保护地和种群繁殖地。由于良好的自然环境和丰富而充足的食物，这里已成为东亚—澳大利亚的候鸟迁徙通道，园区内，每年

白额长尾雉（南山国家公园管理局供图）

有大量迁徙的候鸟停歇和觅食，包括中日保护候鸟39种、中澳保护候鸟8种，这些鸟类迁往澳大利亚过冬。

南岭，是候鸟迁徙过程中遇到的一座高山，即"生态屏障"，而试点区，正是一处良好的停歇地，有大量的水域、湿地、林地、林木、野生动植物等，候鸟们可以在这里进行休整，等吃好养肥，再飞越南岭山脉。

为了让候鸟能够吃饱喝足，试点区投放鲫鱼、鲤鱼、鲢鱼等鱼苗，累计数万公斤，为候鸟们接风洗尘，让它们吃好喝好，才有精力继续遥远的迁徙行程。

生态变好了，迁徙候鸟的种类就越多。目前，留居试点区的候鸟数量，比园区筹建时首次科学考察增加了8000多只，候鸟种类也从首次科学考察的97种，增加到现在的123种，其中包括国家珍稀濒危动物天鹅、灰鹤、豆雁、中华秋水鸭等，有大小天鹅、红隼、灰鹤、白鹭、鸳鸯等国家二级保护鸟类20多种。其中，红头潜鸭，在试点区第一次发现。

2020年底，城步县爱鸟护鸟协会志愿者唐邵宏，在白云湖国家级湿地公园水库区进行鸟类监测时，意外拍到了试点区鸟类新纪录物种红头潜鸭。

红头潜鸭，体长42~49厘米，翼展72~82厘米，体重700~1100克，寿命10年。雄鸭头顶呈红褐色，圆形，胸部和肩部黑色，其他部分大都为淡棕色，翼镜大部呈白色。雌体大都呈淡棕色，翼灰色，腹部灰白。眼鲜红色或红棕色；喙蓝黑色；脚青灰色或铅灰色；蹼关节和爪黑色。很少鸣叫，为深水鸟类，善于收拢翅膀潜水。杂食性，主要以水生植物和鱼虾贝壳类为食。在沿海或较大的湖泊越冬。红头潜鸭不仅是在南山，在华南地区也是第一次发现。

候鸟总是风雨兼程，千百年来飞翔着同一条路线南来北往。它们以月亮与星辰作为方向标志，基本上不会偏航。

候鸟虽然懂得在"服务区"为自己加油，但漫长的迁徙过程中，鸟类其实十分脆弱，非常容易受到伤害。人类的捕捉，让候鸟也变得很聪明，它们有很多会选择在夜间迁徙，白天休息，以躲避人类的袭击。但是，这也不安全，候鸟在夜间迁徙时，它们常常会因灯光的照射，突然出现短期眩晕，并由此撞上建筑物或车辆，从而丧命。

在这里成了休整之后，候鸟们开始向高高的南岭发起冲锋。在每年的迁飞途中，候鸟们就是这样，忍受着饥渴、疲劳、狂风暴雨、捕食者的猎杀，不知有多少幼仔、同伴、老弱病残折翼半途中，候鸟们却依然百折不挠向前迁徙，前赴后继。

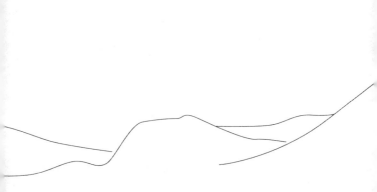

万物共鸣

南 山

高山草原：
南方的"呼伦贝尔"

南山
草原地理

八十里大南山，属雪峰山南支。在湖南西南部和广西北部。清道光（1821—1856年）《宝庆府志》载："城步县有蓝山，跨上扶城、上莫宜、下莫宜、下横岭诸峒，并谓是山正干东西八十里，南北二支对出，长一百二十里，一名八十里蓝山。"后世谐音，讹称八十里南山，简称南山。东北—西南走向，北高南低。一般海拔1300米。主峰南山顶，在湖南城步县境内，海拔1941米。

南山四周，峭壁险峻，顶部山区起伏平缓，是一片视野开阔的高山台地。总面积23万亩。这里四季多雨，无严寒酷暑，青草覆盖率在80%以上。为我国南方天然山地草场。

南山草场，位于城步县西南部，地处湘桂交界的越城岭北麓，与广西桂林接壤。南山草场东西横距32公里，南北纵距46公里，总面积152平方公里，现为南山国家公园体制试点区的重要组成部分。

南山草场的地貌，为侵蚀剥蚀构造，属高山草原台地，系亚热带山地草甸草山，呈丘状，坡平缓，海拔高度1100~1941米。

通过对南山气候特点的测量，可以很清楚南山草原的形成，完全和这里的山地气候条件有关（相关数据，由南山国家公园管理局提供）。

温度：南山气候温凉，温度偏低，多年年平均气温为11.5℃（南山气象站海拔1778.3米观测记录），比城步县城儒林镇（海拔477.5米）观测记录的16.6℃低5.4℃；南山最高气温为26.8℃，比县站监测的38.5℃低11.7℃，最低气温为-16.0℃，比县站监测的-8.1℃低7.1℃。

降水：南山只有春季、秋季和冬季，没有夏季；雨季时间长，降水量多，无旱季。南山多年来年平均降水量为1951.5毫米，比城步县站的1221.4毫米多730.1毫米；全年平均雨日216天，比县站的162天多54天，降水时间长，没有旱季。

湿度：南山经常笼罩在云雾之中。这里湿度大，雾日多，日照时数少，多年年平均相对湿度为88%，比县站高7个百分点。

雾日：年平均雾日201天，比县站多191天。最多月3月和5月，雾日均达21天，最少月7月也达14天。南山的年日照时数为903.3天，比县站少449天，日照百分率为21%，比县站少

10个百分点。

霜期：无霜期短，冰雪期长。南山初霜期出现在10月下旬，比县站提早了近1个月，终霜出现在3月下旬，比县站延迟近1个月，无霜期为215天左右，比县站少60天左右。

降雪与冰冻：降雪积雪始于11月上旬，终雪终积雪出现在4月上旬；冰冻开始出现在11月下旬，终止于3月下旬，平均冰冻日数为33天，比县站多30天左右。

风速：风速大，大风日数多。南山年平均风速为4.2米/秒，比平地风速快1.7米/秒，年大风日数71天，比平地多62天。

南山草场山地递增效应明显，土壤以山地草甸土和山地黄棕壤为主，土壤肥沃，腐殖质层平均厚度18~25厘米。天然植被主要有芒、野古草、银杉及香果树等乔灌木，人工牧草有三叶草、黑麦草、绒毛草等。

南山草场气候，为热带大陆性季风气候，立体气候及地形小气候明显。草场境内冬无长寒，夏无酷夏。非常适宜牧草生长，这是南山成为高山草原的主要原因。

苍野茫茫：
南山牧场开发史

当年，红军长征曾从此地经过，那时的南山，还是一片荒无人烟、野兽出没、剑茅丛生的苍凉之地。

1934年9月10日，中央红军长征先遣部队第六军团9700多人，在中央代表、军政委员会主席任弼时和军团长肖克、政委王震等率领下，作为长征先遣队，鏖战湘赣，转战粤桂，一路征战，突破敌人重重封锁、包围，从广西资源县进入湖南城步。这天，红军战士行进到湘桂边界的深山峡谷之中。

第二天，红军战士马不停蹄，继续前行。当他们沿着峭壁悬崖，向上爬行1800米之后，惊异地发现，出现在眼前的竟是一片绿波起伏、一望无垠的大草原。

红军战士根本没想到，这里还有一片天

地异样、绵延无际的草原风光。经历了长途跋涉和征战的红军战士，忽然感到一身轻松和快意，他们仿佛到了一片桃源世界。

莽莽草原之中，有潺潺溪水，长流不断，溪水之内，还有不少娃娃鱼潜行鸣叫。深深的绿草丛中，有许多野猪惊慌逃窜。自古以来，这片高山草地深藏在南山之上，无人问津，自由生长。这里既不是终年积雪的不毛之地，也不是淤泥充塞的生命死角，而是一个生机勃勃、孕育着无限生命活力的南方大草原。

面对这么美丽的大草原，红军战士们忘记了疲惫，他们欢呼雀跃，见到了蓬勃的生命，仿佛就看到了胜利的曙光。红六军团政委王震也被眼前的大草原吸引，他情绪高涨，豪情满怀，对红军战士们说："多好的草原啊。同志们，待革命胜利后，我们一定要在这里办一个大牧场！你们想想，这么多的青草，成千上万只牛羊，怎么也吃不完啊。"

新中国成立之后，王震将军回忆当时红军路过南山草原的经过，深情地说："长征时，我路过大南山，那里是一片荒原，但茅草长得很茂盛，有一人多高。我说，日本鬼子骂我们是东亚病夫，革命胜利后，在大南山办个大牧场！多养奶牛，让我们的子孙都喝上牛奶，身体长得像牛一样结实！过去的愿望，今天终于变成了现实。"

1956年2月，青年团城步县委，向上级政府提出开发南山的设想。这年3月，南山迎来第一批垦荒者。来自长沙、邵阳等地的950名知识青年响应政府号召，组成青年志愿者垦荒队来到南山，建起了邵阳地区第二青年集体农庄，开始了艰苦的垦荒征程。

1973年初，春寒料峭。邵阳地区干部邹毕兆（原红六军团战士，1934年10月随王震率领的中国工农红军第六军团作为中央红军长征先遣队，一起翻越大南山。后在长征途中，成功截获破译敌方无数密电码，被称为"破译工作三杰"之一）。来到南山，看到了南山人民发展牧场的强烈愿望，邹毕兆展开了为期8天的调研，决意为南山的发展贡献余热。

邹毕兆带着当地政府和南山牧场相关人员赶赴北京，就南山牧场的建设问题，向时任国务院副总理王震将军作了详细汇报。

听完汇报，王震动情地说："当年长征过南山，当地百姓对我们支持很大。群众支持我们，我们也不能忘记群众啊。在那块地方办牧场，记得长征时就有这么个想法，这么些年总是忙这忙那，不曾过问。现在南山养牛养羊成功了，很好啊，那就办个牧场吧。"

1974年7月，王震来湖南视察工作，对城步县领导说："经过考察认定，八十里大南山办牧场具有得天独厚的条件，我要办好这个点。"从此，南山走上了以牧业为主导的发展之路。

高山牧场：
一片荒烟蔓草的前世今生

新中国成立之前，南山草原上只有3户苗民，他们靠打猎、种点苞谷维持生计，过着风餐露宿的原始生活。

新中国成立后，1956年，共青团湖南省委、共青团邵阳地委组织长沙、邵阳等城市的950名青年，来到南山创业。在他们上山之前，南山仍然原始，只有极少村民，过着几乎与世隔绝的生活。新中国成立前，南山上还有老虎出现。当地有个村民，年轻时上山砍柴，在山道突然与一只老虎相遇。他急中生智，将蓑衣紧紧蒙着头，蹲在路边。那老虎慢条斯理走过来，用爪子抓了几把，索然无味，似乎对这"蓑衣人"没兴趣，便走了。那人虽说保了一条命，脸上却留下几道深深的爪印，这很影响他的形象，结果，打了一辈子的光棍。

除了老虎，还有麂子。到了夏夜，山上的麂子，总喜欢跑到村外的小河边，尖尖地叫着。山上的老人说，那是山上的野鬼，正骑在麂子的背上，捂着麂子的眼睛，正漫山漫坡地游荡呢。

南山地势平坦，十分广阔，可为什么长期无人前来开垦草山或安家落户呢？

原来，原因就在于交通不便。那时南山还没有车路，人和野猪、麂子共用一条弯弯的山道。平均海拔1700多米的南山，无论从山下什么地方上山，都得攀越那长达40多华里并且崎岖陡峭的山路。南山创业者们所需要的一切生活用品、生产资料、建筑材料，都得靠双肩从山下挑上来。

在"以粮为纲"的时代，南山上也不分

青红皂白，未能幸免种粮。接到分配种五千亩水稻、旱禾的任务后，知青们还是认真执行了。知青队长命令在低凹的平地上，开田250多亩。在1700多米的高山上，种上了水稻。结果，水稻只长苗，不扬花，不结籽，颗粒无收。从六十里外的长安营挑来300担禾子谷水稻种，在开垦的六千亩荒土上撒下稻种，结果，稻种成了乌鸦、野鸡的口粮。

后来，队长命令，在荒山上放一把火，把茅草烧干净，刀耕火种，播种玉米。结果，大雨一下，撒下的八千多亩玉米种，被山洪冲到水沟里，填满了山沟。

队长命令，这不行那不行，改种梨果吧。知青们又在南山上栽上两千多亩金村秋、晚山吉、金玉等良种梨树。梨子丰收了。可是，不通公路，数千担香甜的梨子运不下山，知青们吃不完梨子，只好往河里倒。

接着，改为林场，荒山造林。知青们先后营造了两万多亩杉树。但是，栽上的杉树苗基本上没成活，幸存下来的，长成"老头树"，大的只能作横条木，小的只能做扫把柄。

1967年，政府又派来飞机，将南山23万亩草山，全部播上了马尾松。树苗都长出来了，但树苗经不起寒冷的袭击，绝大部分冻死了。只有低山凹地里极少量的树苗幸存下来，20多年过去了，它们还是两三米高的小老头树。

此外，还栽过苹果，种过茶树等，始终没有成功。终于有人发现，南山种什么，得因地制宜，千百年来，南山只长草，那就种牧草，这才是顺应自然应有的态度。结果，种牧草成功了。

如今的大南山，总面积152平方公里，连片草山23万亩，天然草地13.5万亩；已发现野生植物近1200种，其中乔灌木树种107科921种、野生牧草63科262种，其中多年生牧草172种，一年生牧草80种，水生草本牧草10种，以绒毛草、剑茅草、丝茅草、狼尾草等居多；另外，在南山还发现了稀有植物水晶兰，这种植物，在古代文献中，被描绘成起死回生的仙草。

一场小雨过后，天又放晴了。站在美丽的南山大草原，一眼望不到边际。湛蓝的天空，碧草绿浪。整个草原清新宁静。茫茫无际的南山牧场，就像阔大无边的绿毯，微风吹过，草浪滚滚。满眼的牧草在温情的阳光中，状如绿绸。这里是草的王国，是南方的"呼伦贝尔"。

大事记

2017 年

4月,成立南山国家公园体制试点筹备委员会。

2016 年

7月,国家发展改革委批复《南山国家公园体制试点区试点实施方案》。

2020 年

5 月,《南山国家公园总体规划
(2018—2025 年)》
印发实施。

2017 年

4 月, 经湖南省政府同意,
正式授牌
成立南山国家公园管理局。

万物共鸣
南　山

附录

南山国家公园体制试点区是南岭山脉的巅峰区域，处在南岭山脉与雪峰山脉交汇地带，是我国南北纵向山脉与东西横向山脉的交汇枢纽，是我国"两屏三带"生态安全战略中"南方丘陵山地带"典型代表。该区域整合设立国家公园，突出自然生态系统的严格保护、整体保护、系统保护，把最该保护的地方保护起来，有效保护珍稀物种、促进人与自然和谐共生，坚持世代传承，给子孙后代留下珍贵的自然遗产。

　　试点区分布在城步苗族自治县南部山区，约占整个县域面积的四分之一。试点区位于南岭山脉的最西端、雪峰山脉最南端的八十里大南山、金紫山，而南岭是我国重要的自然地理分界线和纬向构造带，划分了两广丘陵和江南丘陵、长江流域和珠江流域，地理意义重要。南岭多个山地存在平缓的山顶残余夷平面，海拔高度相当。试点区整体以中山地貌为主，兼有丘陵、岗地、溶洞、溪谷平原等地貌特征。境内崇山峻岭，沟谷溪河纵横，南岭山脉绵亘南境，雪峰山脉耸峙东西，形成东、南、西三面层峦叠嶂，北面海拔相对较低的丘岗地带。

试点区系长江流域沅江水系和资水水系、珠江流域西江水系源头及三大水系的分水岭，是重要的水源涵养地。区域内地表切割强烈，河川水系发育呈树枝状分布，水系发达。试点区内主要有白云湖、南山天湖、茅坪水库、深冲河水库、三角坪水库等湖、库。

试点区内还分布有多种珍稀濒危的保护植物，其中国家一级重点保护野生植物3种，包括资源冷杉、南方红豆杉、伯乐树；国家二级重点保护野生植物20种，包括金毛狗、小黑桫椤、华南五针松、篦子三尖杉、半枫荷、翅荚木、红椿、伞花木等。另有列入国际贸易公约保护植物名录（CITES）附录Ⅱ中的兰科植物40余种，还分布有铁杉、长苞铁杉、湖南参、沉水樟、钩栲、金叶含笑等多种湖南省地方重点保护野生植物。

223

感谢南山国家公园管理局为本书提供图片

图书在版编目（CIP）数据

万物共鸣：南山／朱千华著. -- 北京：
中国林业出版社，2021.9

ISBN 978-7-5219-1267-8

Ⅰ.①万… Ⅱ.①朱… Ⅲ.①国家公园-介绍-
城步苗族自治县 Ⅳ.①S759.992.644

中国版本图书馆CIP数据核字(2021)第145759号

责任编辑　袁　理
装帧设计　刘临川
出版发行　中国林业出版社（100009 北京
　　　　　西城区刘海胡同 7 号）
电　　话　010-83143629

印　　刷　北京博海升彩色印刷有限公司
版　　次　2021 年 9 月第 1 版
印　　次　2021 年 9 月第 1 次
开　　本　787mm×1092mm 1/32
印　　张　7
字　　数　67 千字
定　　价　66.00 元